高等农林教育"十三五"规划教材
全国高等院校动物医学类专业系列教材

动物组织胚胎学实验教程

第 2 版

庾庆华 杨 倩 主编

U0219347

中国农业大学出版社
·北京·

内容简介

本书是为高等院校动物医学、动物药学、动物科学(畜牧和水产)、动物检疫等专业的动物组织胚胎学实验课程而编写。本书共18章,包括绪论、细胞学、四大基本组织、重要器官系统和胚胎学发育,内容上保证了实验教学的系统性和完整性。每章内容包括实验目的和要求、切片观察方法及要点、示范切片、电镜照片、作业和思考题五项内容,其中重要组织器官的切片观察部分按照家畜、家禽和鱼类分别讲解其显微结构。高校教师使用本书时可根据不同专业要求,适当调整教学章节和内容。本书收录大量组织器官的彩色显微照片,清晰度高,有助于加深对文字描述的印象,图片以数字二维码形式展示,有利于使用者在课堂外利用手机等设备随时查看,延伸实验教学效果。本书既可作为高等农业院校动物医学、动物药学、动物科学(畜牧和水产)、动物检疫等相关专业的本科生、专科生使用,亦可作为研究生教材和畜牧兽医等从业人员的参考书。

图书在版编目(CIP)数据

动物组织胚胎学实验教程/庾庆华,杨倩主编. —2版. —北京:中国农业大学出版社,2018.5(2023.11 重印)

ISBN 978-7-5655-1997-0

Ⅰ.①动… Ⅱ.①庾…②杨… Ⅲ.①动物胚胎学-组织(动物学)-实验-教材 Ⅳ.①Q954.48-33

中国版本图书馆 CIP 数据核字(2018)第 050400 号

书　名	动物组织胚胎学实验教程　第2版
	Dongwu Zuzhi Peitaixue Shiyan Jiaocheng
作　者	庾庆华　杨　倩　主编

策划编辑	张　程　潘晓丽	责任编辑	田树君
封面设计	郑　川　李尘工作室		
出版发行	中国农业大学出版社		
社　址	北京市海淀区圆明园西路2号	邮政编码	100193
电　话	发行部 010-62818525,8625	读者服务部	010-62732336
	编辑部 010-62732617,2618	出　版　部	010-62733440
网　址	http://www.caupress.cn	E-mail	cbsszs @ cau.edu.cn
经　销	新华书店		
印　刷	涿州市星河印刷有限公司		
版　次	2018年5月第2版　2023年11月第2次印刷		
规　格	170 mm×228 mm　16开本　7.25印张　130千字		
定　价	20.00元		

图书如有质量问题本社发行部负责调换

第 2 版编写人员

主　编　庾庆华　杨　倩

副主编　(以姓名笔画为序)
　　　　　石　娇　刘进辉　张　媛　胡　满

编　者　(以姓名笔画为序)
　　　　　王水莲(湖南农业大学)
　　　　　王亚鸣(江西农业大学)
　　　　　石　娇(沈阳农业大学)
　　　　　刘进辉(湖南农业大学)
　　　　　刘建虎(西南大学)
　　　　　杨　倩(南京农业大学)
　　　　　何　滔(西南大学)
　　　　　宋学雄(青岛农业大学)
　　　　　宋斯伟(吉林大学)
　　　　　张　媛(华南农业大学)
　　　　　郇延军(青岛农业大学)
　　　　　胡　满(河北农业大学)
　　　　　胡海霞(西南大学)
　　　　　黄国庆(南京农业大学)
　　　　　庾庆华(南京农业大学)

第 1 版编写人员

主　编　杨　倩（南京农业大学）

副主编　胡　满（河北农业大学）
　　　　　田茂春（西南大学）
　　　　　刘进辉（湖南农业大学）
　　　　　王亚鸣（江西农业大学）

参　编　石　娇（沈阳农业大学）
　　　　　王水莲（湖南农业大学）
　　　　　黄国庆（南京农业大学）
　　　　　张　媛（华南农业大学）
　　　　　刘建虎（西南大学）

第 2 版前言

　　动物组织胚胎学是动物医学和动物科学中重要的基础课程之一。动物组织胚胎学主要以形态学为主,只有通过不断观察组织切片标本才能加深对组织胚胎学理论知识的理解。《动物组织胚胎学实验教程》作为《动物组织胚胎学》理论教材(杨倩主编)的配套实验教程,对组织胚胎学的学习发挥着重要的作用。同时,《动物组织胚胎学实验教程》也是实践性教学的代表性教材,对于加快实现高水平农业科技自立自强,推进健康中国建设具有重要意义。

　　《动物组织胚胎学实验教程》(第 1 版)因其内容的全面性,经过多年使用,受到高等农业院校教师和学生的喜爱,获得广泛好评。随着科学的快速发展和大量留学生的进入,第 1 版教材组织器官图片数量不足和英文内容缺乏已不能适应目前形势的需要。清晰的彩色组织学照片是《动物组织胚胎学实验教程》的重要组成部分,但由于彩色图片出版价格偏高,一直是困扰本教程修订的主要问题。目前,随着校园无线网络的覆盖和移动互联网的发展,应用计算机和手机扫码(二维码图片)观察组织切片成为可能和最为方便的学习途径。因此,借此契机,对本实验教程进行全方位的修订。

　　本教程修订过程较好地贯彻了党的二十大报告精神,第 2 版实验教程按照动物医学、动物科学和水产等相关专业主要研究对象,以猪、鸡和鱼为主,配以牛、犬和兔等家畜动物,描述动物重要组织器官的形态学结构。本教材除了对少量陈旧的内容进行修改外,主要缩减了每章的内容简介部分,将第 1 版教材以数字化教材(二维码形式)展现给广大读者,并对重要知识点加以英文标注。此外,本书配备了大量清晰的彩色组织学照片(二维码形式),不仅降低了教材成本,而且便于学生课外学习,解决实验教学受制于实验教学设备的问题,进一步提高教学质量。通过本课程的学习,学生将更好地掌握动物组织胚胎学的基本知识和技能,同时培养对生命的敬畏和爱护之情,以及实事求是的科学精神。

　　本教材具体分工如下:刘进辉(第一章),杨倩(第二章),石娇(第三章、第四章、第五章),胡满(第六章、第七章),杨倩、庚庆华(第八章、第九章),王水莲(第十章、第十一章),王亚鸣(第十二章),宋斯伟(第十三章),宋学雄、郧延军(第十四章),胡海霞(第十五章),张媛(第十六章、第十七章),黄国庆、庚庆华(第十八章)。此外,第十章、第十二章、第十三章淡水鱼部分由黄国庆负责,第十四章、

第十五章淡水鱼部分由刘建虎、何滔负责。在此一并表示衷心感谢！

特别说明，本教材中部分彩色图片主要参考以下国外教材：*Basic Histology*（7th edition）、*Veterinary Embryology*、*Histology Cytology Embryology*、*Veterinary Histology*、*Color Atlas of Veterinary Histology*（3rd edition）和 *William Veterinary Histology*。

衷心感谢南京农业大学教务处、南京农业大学动物医学院和中国农业大学出版社对本书出版的大力支持！

由于编者水平有限，书中定有不足之处，欢迎广大师生批评指正，以便再版时修正。

编　者
2023 年 10 月

第 1 版前言

　　动物组织胚胎学是动物医学和动物科学中重要的基础课程之一。本门课程主要以形态学为主,动物体各种器官和组织的微细结构都需要死记硬背。因此,实验课成为学生加深记忆和理解的重要环节,《动物组织胚胎学实验教程》的编写也显得尤为重要。

　　本《动物组织胚胎学实验教程》是在总结多年教学经验的基础上,由南京农业大学、西南大学、江西农业大学、河北农业大学、湖南农业大学、沈阳农业大学和华南农业大学共同编写的,参编人员有:南京农业大学杨倩、黄国庆,河北农业大学胡满,西南大学田茂春、刘建虎,湖南农业大学刘进辉、王水莲,江西农业大学王亚鸣,沈阳农业大学石娇,华南农业大学张嫒。具体分工如下:

第一章	刘进辉
第二章	杨倩
第三章、第四章、第五章	石娇
第六章、第七章	胡满
第八章、第九章	杨倩
第十章	王水莲　黄国庆(淡水鱼部分)
第十一章	王水莲
第十二章	王亚鸣　黄国庆(淡水鱼部分)
第十三章	王亚鸣　黄国庆(淡水鱼部分)
第十四章	田茂春　刘建虎(淡水鱼部分)
第十五章	田茂春　刘建虎(淡水鱼部分)
第十六章、第十七章	张嫒
第十八章	黄国庆

本书的彩色照片由刘建虎、王水莲、杨倩提供。

　　全书共分 18 章,每章包括内容简介、实验目的和要求、观察要点及观察方法、示范样本、电镜照片和思考题六大部分,另附有彩色照片一组。近年来,很多农业院校增加了淡水养殖专业,而淡水鱼的组织学和胚胎学研究却一直处于空缺状态,因此本教程在收集近年来鱼类组织学研究进展的基础上,首次尝试增加鱼类组织学和胚胎学的内容。本书内容较为全面系统,可供高等农业院校动物医学院和动物科技学院乃至水产学院有关专业学生学习使用。

　　尽管本教程的编写有一些创新和改进,但由于水平有限,错误之处在所难免,恳请各位同仁和读者不吝指正。

编　者

2005 年 10 月

目　　录

第一章　绪论(Introduction)

一、实验目的和要求

(1)掌握光学显微镜(light microscope)的正确使用方法,加强对实验室注意事项及标本观察的要求。

(2)了解组织学石蜡切片(paraffin section)的制作过程。

(3)掌握利用基本理论知识观察分析组织切片的能力,通过绘图作业,掌握重要动物组织器官的显微结构,树立严谨的科学态度。

二、显微镜观察实验室规则

(一)课前准备

根据进度和实验指导的目的要求,学生在实验室课前必须认真复习有关理论课内容和预习实验指导书,了解实验的内容、方法和目的要求。

(二)实验室规则和注意事项

(1)严格遵守作息时间,不无故缺席。

(2)学生上课时应携带教科书、实验指导书、绘图工具(彩色铅笔、黑色铅笔、橡皮擦以及直尺),以便实验课时绘图使用。

(3)实验室使用固定的显微镜,爱护显微镜和教学切片,保持其完好。损坏教学仪器和教学切片者应按价赔偿,并予以批评教育。

(4)保持实验室安静,课堂中不得大声喧哗、随意走动,有问题可举手提问。在老师指导下认真完成实验。

(5)保持实验室清洁,不得在显微镜观察实验室乱扔垃圾纸屑,不随地吐痰。每次实验结束,分组轮流打扫实验室内卫生,关好水、电、窗和门后方可离开。

三、光学显微镜的构造、使用和注意事项

(一)光学显微镜构造

光学显微镜是利用光学原理,将人眼所不能分辨的微小结构放大成像的一种精密的光学仪器,是研究动植物细胞结构、组织形态特征和器官构造的重要工具。光学显微镜根据目镜数目可分为单目显微镜(图 1-1)和双目显微镜(图 1-2)。这两种光学显微镜虽然目镜数不同,但基本构造都包括两大部分,即保证成像的光学系统和用以装置光学系统的机械部分。

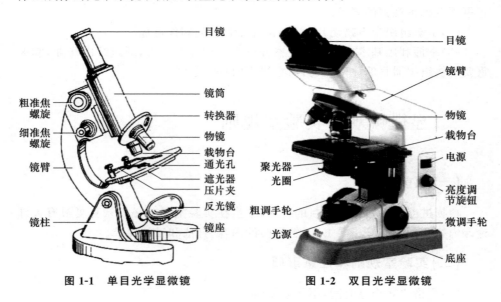

图 1-1　单目光学显微镜　　　　图 1-2　双目光学显微镜

1. 机械部分

机械部分包括镜座、镜柱、镜臂、载物台、物镜转换器、镜筒和调焦装置。

镜座是光学显微镜的底座,支持整个镜体,使光学显微镜放置稳固。镜柱是镜座上面直立的短柱,支持镜体上部的各部分,连接镜座和镜臂。镜臂弯曲如臂,一端连于镜柱,一端连于镜筒,是取放显微镜时手握部位。

镜筒为光学显微镜上部圆形中空的长筒,其上端放置目镜,下端与物镜

转换器相连,并使目镜和物镜的配合保持一定的距离,一般是 160 mm,有的是 170 mm。镜筒的作用是保护成像的光路与亮度。

物镜转换器为连接于镜筒下端的圆盘,可自由转动。盘上有 3～4 个螺旋圆孔,为安装物镜的部位。当旋转物镜转换器时,物镜即可固定在使用的位置上,保证物镜与目镜的光线合轴。

载物台(镜台)为放置玻片标本的平台,中央有一圆孔,以通过光线。载物台上安装有标本推进器,用以固定玻片标本和使玻片标本前后、左右移动。

调焦装置包括粗调焦旋钮(粗准焦螺旋)和细调焦旋钮(细准焦螺旋)。为了得到清晰的物像,必须调节物镜与标本之间的距离,使它与物镜的工作距离相等。这种操作叫调焦。在镜柱两侧有调焦装置,即粗、细调焦旋钮各 1 对,旋转时可使载物台上升或下降。大的一对是粗调焦旋钮,调动载物台升降距离较大,旋转一圈可使载物台移动 2 mm 左右。小的一对是细调焦旋钮,调动载物台的升降距离很小,旋转一圈可使载物台移动约 0.1 mm。

2. 光学部分

光学部分由成像系统和照明系统组成。成像系统包括物镜和目镜,照明系统包括电源插头、电源开关、亮度调节旋钮、照明源(日光或灯光)和聚光器。

物镜是决定光学显微镜质量的最重要的部件,安装在镜筒下端的物镜转换器上,一般有 3～4 个放大倍数不同的物镜,即低倍镜(4×和 10×)、高倍镜(40×)和油镜(100×),观察时可根据需要选择使用。物镜上一般都刻有放大倍数和数值孔径(N・A,即镜口率),它反映该镜头分辨率的大小,其数字越大,表示分辨率越高,各物镜的镜口率如表 1-1 所示。

表 1-1 各物镜的镜口率

物镜	镜口率(N・A)	工作距离/mm
10×	0.25	5.40
40×	0.65	0.39
100×	1.30	0.11

表 1-1 中的工作距离是指物镜最下面透镜的表面与盖玻片(其厚度为 0.17～0.18 mm)表面之间的距离。物镜的放大倍数愈高,它的工作距离愈小。一般油镜的工作距离仅为 0.2 mm,所以使用时要倍加注意。

目镜安装在镜筒上端,它的作用是将物镜所成的像进一步放大,使之便于观察。其上刻有放大倍数,如 5×、10×和 16×等,可根据当时的需要选择使用。部分先进的双目光学显微镜,其两个目镜之间的距离可随意调节,观察时根据需要进行调节;同时,每个目镜还可单独调节焦距。目镜内常装有一细小的"指针"，在视野中为一细小的黑线，可以用来指示所要观察的细微结构。

光学显微镜的照明源为可见光（日光或灯光），当使用电光源显微镜时，插上电源插头，打开电源开关，即可接通电源，为光学显微镜提供稳定的光源。亮度调节旋钮是配合电光源调节光线强弱的装置，观察光学显微镜时可根据需要使用。简单的单目光学显微镜提供照明源的是反光镜，是个圆形的两面镜，可根据需要选择使用，其一面是平面镜，能反光；另一面是凹面镜，兼有反光和汇集光线的作用。反光镜具有能转动的关节，可做各种方向的翻转，面向光源，能将光线反射入聚光器上。

聚光器装在载物台下，由聚光镜（几个凸透镜）和虹彩光圈（可变光栅）等组成，它可将平行的光线汇集成束，集中在一点，以增强被观察物体的照明度。聚光器可以上、下调节，如用高倍镜时，视野范围小，则需上升聚光器；用低倍物镜时，视野范围大，可下降聚光器。虹彩光圈装在聚光器内，位于载物台下，拨动光栅，可使光圈扩大或缩小，借以调节通光量。

（二）光学显微镜使用方法

光学显微镜的使用主要包括两个方面，一是光度的调节，另一是焦距的调节。

1. 取镜和放置

按固定编号从显微镜盒中取出显微镜。取镜时应右手握住镜臂，左手平托镜座，保持镜体直立（禁止用单手提着显微镜行走，防止零件脱落或碰撞到其他地方），放置在桌台上正中稍偏左侧，距桌边 5～6 cm 处，以便于观察和防止掉落。

2. 调光或对光

使用电光源的光学显微镜一般需调光。使用时首先插上电源插头，打开电源开关，调节亮度调节旋钮，配合聚光器上的光栅调节光线强度至适中，即可开始使用。使用反光镜的光学显微镜需对光，一般情况下可用由窗口进入室内的散射光（应避免直射阳光），或用日光台灯作光源。对光时，先把低倍物镜转到中央，对准载物台上的通光孔，然后在观察的同时，用手调节反光镜，使镜面向着光源，一般用平面镜即可，光线弱时可用凹面镜。当光线从反光镜表面向上反射入镜筒时，通过目镜就可以观察到一个圆形的、明亮的视野。此时再利用聚光器或虹彩光圈调节光的强度，使视野内的光线既均匀、明亮，又不刺眼。在对光的过程中，要体会反光镜、聚光器和虹彩光圈在调节光线中的不同作用。

3. 放置切片

下调载物台，将需观察的组织玻片标本正面朝上放在载物台上，然后通过标本推进器调节，使组织材料正对载物台光孔的中心或置于物镜镜头的正下方。

4. 调整焦距

选择低倍物镜头对准载物台光孔。双眼从侧面注视物镜，并慢慢按顺时针方向转动粗调焦旋钮，使物镜离玻片 5 mm 左右，接着通过目镜观察，同时转动细调焦旋钮进行调焦，直到看清晰物像为止。如一次调焦看不到物像，应重新检查材料是否放在光轴线上，重新移正材料，再重复上述操作过程，直至物像出现和清晰可见为止。当细调焦旋钮向上或向下转不动时，就是转到了极限，千万不能再硬拧，而应重新调节粗调焦旋钮，把物镜与标本的距离稍稍拉开后，再反向旋转细调焦旋钮 10 圈左右（因一般可动范围为 20 圈）。有些光学显微镜则可把微调基线拧到指示微调范围的两根白线之间，然后重新调整焦距，直到物像调节清晰为止。

5. 低倍镜观察

焦距调好后，可根据需要，移动组织玻片，把要观察的部分移到最有利的位置上。找到物像后，还可根据材料的厚薄、颜色、成像的反差强弱是否合适等再进行调焦。如果视野太亮，可降低聚光器或缩小虹彩光圈，反之则升高聚光器或开大虹彩光圈。观察任何标本，都必须按照"先用低倍镜观察，后高倍镜观察"的原则进行观察。因为低倍镜的视野范围大，便于对组织、器官进行整体认识，也容易发现目标和确定要观察的部位。

6. 高倍物镜的使用

在观察较小的物体或细微结构时使用。

选好目标：由于高倍物镜只能把低倍镜视野中心的极小部分加以放大，因此，使用高倍镜前，应先在低倍镜中选好目标，将其移至视野的中央，转动物镜转换器，把低倍物镜移开，小心地换上高倍物镜，并使之合轴，即使其与镜筒成一直线（因高倍镜的工作距离很短，操作时要十分仔细，以防镜头碰击玻片）。

调节焦距：在正常情况下，转换成高倍物镜后，只需调节细调焦旋钮就可获得最清晰的物像。初用一台光学显微镜时，必须注意它的高、低倍物镜是否能如上述情况那样很好地配合。如果高倍物镜离盖玻片较远看不到物像时，则需重新调整焦距。此时眼睛应从侧面注视物镜，并小心地转动粗调焦旋钮使镜筒慢慢地下降到高倍物镜头与组织片相接近时为止(注意切勿使镜头紧压玻片,以免损坏镜头和压碎玻片标本),然后再通过目镜观察,同时缓慢转动粗调焦旋钮,直到看见物像后,再换细调焦旋钮,使物像更加清晰为止。在换用高倍镜观察时,视野变小变暗,所以要重新调节视野的亮度,此时可升高聚光器或放大虹彩光圈。

7. 油镜的使用

在使用油镜观察前,也必须先从低倍镜中找到目标部分,将目标部分移到视野正中心,再转换高倍物镜调焦观察,然后再换用油镜头。

在使用油镜头前,一定要在盖玻片上滴加适量的镜油(如香柏油),然后方可使用。当聚光器镜口率在 1.0 mm 以上时,还要在聚光器上面滴加适量香柏油(油滴位于载玻片与聚光器之间),以便使油镜发挥最佳作用。

在用油镜观察组织玻片时,先缓慢调节载物台使其与油镜头接触,然后朝反方向调节细调焦旋钮进行调焦,绝对不许使用粗调焦旋钮进行调焦。如盖玻片过厚或组织片放反时,则不能聚焦,应注意调换,否则就会压碎玻片或损坏镜头。

油镜使用完毕,需立即擦净。擦拭方法是用棉棒或擦镜纸蘸少许清洁剂(乙醚和无水酒精的混合液,最好不用二甲苯,以免二甲苯浸入镜头),将镜头上残留的油迹擦去。否则香柏油干燥后,不易擦净,且易损坏镜头。

8. 光学显微镜使用后的整理

观察结束,应先将载物台下降,再取下组织玻片,取下组织玻片时要注意勿使玻片触及镜头。玻片取下后,再转动物镜转换器,使物镜镜头与通光孔错开,使两个物镜位于载物台上通光孔的两侧,并将反光镜还原成与桌面垂直,擦净镜体,罩上防尘的塑料罩或置于显微镜盒内。

(三)光学显微镜使用注意事项

光学显微镜是精密仪器,使用时一定要严格按操作规程进行操作。

(1)光学显微镜需轻拿轻放,不可把光学显微镜放置在实验台的边缘,以免碰翻掉落。

(2)使用光学显微镜观察时,必须睁开双眼。应反复训练,养成良好的习惯。

(3)标本最好加盖盖玻片,制作液体材料的玻片标本时,液体样本不宜过多,以免溢出腐蚀和污染显微镜。

(4)放置玻片标本时要对准通光孔中央,且不能反放玻片,防止压坏玻片或碰坏物镜。

(5)如遇光学显微镜机械部件失灵,使用困难时,千万不可用力硬搬或强制转动,更不要任意拆修,应立即报告指导教师,要求协助排除故障,以免造成损坏。

（6）光学显微镜应注意防潮,在观察时,显微镜上凝结的水珠要及时擦干。同时,随时保持光学显微镜的清洁,机械部分如有灰尘污垢,可用小毛巾擦拭;光学部分如有灰尘污垢,必须先用镜头毛刷拂去,或用吹风球吹去,再用擦镜纸轻擦,或用脱脂棉棒蘸少许酒精和乙醚的混合液,由透镜的中心向外进行轻拭,切忌用手指及纱布等擦抹。

（7）使用完毕后,必须复原才能放回镜箱内。其步骤是:取下组织标本片,转动物镜转换器使镜头离开通光孔,下降镜台,平放反光镜,下降集光器（但不要接触反光镜）、关闭光圈,推片器回位,关闭电源开关,拔下电源插头,盖上绸布和外罩,放回实验台柜内。最后填写使用登记表。（注意:光学显微镜盒内应放一袋蓝绿色的硅胶干燥剂,当其吸水潮解后,变为浅粉红色时,应将其取出烘干,待变为蓝绿色时重新使用）。

四、组织制片技术

组织制片技术是动物细胞学、组织学、胚胎学、生理学及病理学等学科用以研究细胞、组织和器官结构等的一种基本方法。即将所要观察的材料制成极薄的组织片,根据需要用染料加以染色,在显微镜下观察其形态、结构特征和化学成分含量的变化。根据研究目的和制作方法的不同,组织制片技术分为两大类,即切片制片技术和非切片制片技术,前者又分为石蜡切片技术、冰冻切片技术和火棉胶切片技术等;后者包括涂片法、铺片法、整体装片法（或压片法）和磨片法等。使用较广泛的组织制片技术是石蜡组织制片技术。

（一）石蜡组织切片

1. 取材和固定（sample and fixation）

在研究动物组织器官时,应根据需要按照要求进行取样。首先,取样需大小适宜,便于制片观察,一般取样大小要求为 1.5 cm×1.5 cm×1.0 cm 左右。其次,取样需保持新鲜,能正常反映动物活体时的组织结构,所以,取材时应先取容易发生变化（腐败）的组织器官,如消化器官和泌尿器官,后取变化（腐败）较慢的组织器官,如肌肉、皮肤和骨骼等。然后,取材需具有一定的代表性,能很好地代表组织器官的结构。如取胰腺时,需取含胰岛较多的胰尾;取肾时,既要取到肾的皮质部,也要取到肾的髓质部和被膜。将取得的材料先用生理盐水轻轻冲洗后迅速投入固定液中固定,固定的目的是使组织中蛋白质迅速凝固,保持其活体时形态结构,若新鲜材料不固定或固定不及时,会很快发生腐败变质,组织结构会发生变化。固定液为化学药剂,有单一固定液和混合固定液之分。

常用的单一固定液有乙醇、醋酸、苦味酸、福尔马林、升汞和重铬酸钾等,各种单一固定液都具有一定的优缺点,因此,常用混合固定液取长补短。最常用的混合固定液有波恩氏液、陈克氏液、苗勒氏液、卡尔诺爱氏液等。根据材料、染色方法等要求的不同选择不同的固定液,如一般组织器官以波恩氏液固定较好,而神经组织以陈克氏液固定较好。固定液的用量一般为组织材料体积的 10～15 倍,固定时间一般为 12～24 h,可根据气温高低和组织材料大小确定具体固定时间,固定好了的组织材料可在 85% 酒精中保存。

2. 脱水和透明(dehydration and clearing)

将固定好的组织材料放在自来水下轻轻冲洗,除去材料上的杂质,但由于组织材料中的水分会妨碍石蜡渗透进入组织内,所以必须脱去组织材料中的水分。常用的脱水剂为酒精,采用 70%、85%、95% 和无水酒精等不同浓度的酒精,由低浓度到高浓度依次进行脱水,每级酒精浓度脱水时间为 1～2 h,低浓度的酒精(50%、70% 和 85%)可适当延长至 4～12 h。为了增加组织材料的透明性而便于进行显微观察,需用透明剂对组织材料进行透明。常用的透明剂有二甲苯和哥罗仿等,二甲苯等药剂渗入组织材料后,组织材料呈现透明状态,此过程称为透明,透明时间一般为 1～2 h。

3. 浸蜡与包埋(paraffin infiltration and embedding)

浸蜡前先准备好装石蜡的小瓷杯,使石蜡在杯内熔解,熔好石蜡,放入温箱中并使温箱温度保持 60℃ 左右。然后把已透明好的组织材料,放入二甲苯＋石蜡的混合液内(比例为 3:1)浸蜡 30～60 min,然后过渡到软蜡(熔点 48～52℃)中浸蜡 30 min,再到两个硬蜡(熔点 54～56℃)杯中各浸蜡 30 min,最后将浸过蜡组织材料切面朝下放入盛有石蜡的包埋盒中,待石蜡冷却后,组织材料就包在其中。

4. 切片与贴片(tissue section)

切片前先对包埋好石蜡的组织材料进行修整,将组织材料以外多余的石蜡切去,保持组织材料外面有 2～3 mm 的石蜡。取来小木块,用热熔蜡将蜡块粘在木块上,冷却后便可进行切片。石蜡切片机如图 1-3 所示。切片时将切片刀固定在刀架上,保持刀面呈一定倾斜角度,一般为 4°～6°,调整好切片厚薄刻度,右手握转轮柄均匀地上下转动,使石蜡组织在刀刃上下移动,切成薄薄的蜡片带,左手拿一支毛笔,托着薄蜡片带。若脱水、浸蜡和包埋不当,切成的蜡片会卷起来,很难把蜡片切成蜡带。冰冻切片机如图1-4所示。

图1-3　石蜡切片机　　　　　　　　图1-4　冰冻切片机

在清洁载玻片上滴上一小滴蛋白甘油液(贴附剂),将蛋白甘油液抹均匀,加上几滴蒸馏水,再夹上1～2片石蜡组织切片放在蒸馏水上,稍加热载玻片,将石蜡组织切片慢慢展平,然后把贴好的组织切片放入烘箱中烘干或自然干燥,最后进入染色。具体操作程序如下。

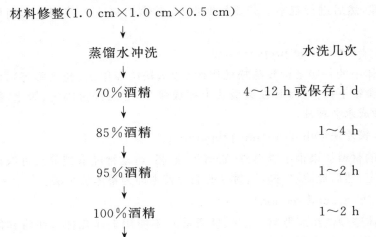

取材投入适当的固定液中固定12～24 h

↓

材料修整(1.0 cm×1.0 cm×0.5 cm)

↓

蒸馏水冲洗　　　　　　　　　水洗几次

↓

70%酒精　　　　　　　4～12 h或保存1 d

↓

85%酒精　　　　　　　　　1～4 h

↓

95%酒精　　　　　　　　　1～2 h

↓

100%酒精　　　　　　　　　1～2 h

↓

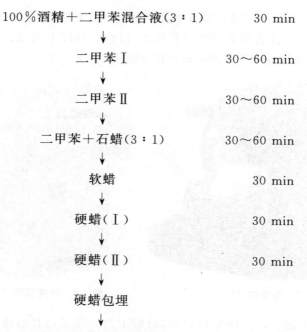

100％酒精＋二甲苯混合液（3∶1）	30 min
↓	
二甲苯Ⅰ	30～60 min
↓	
二甲苯Ⅱ	30～60 min
↓	
二甲苯＋石蜡（3∶1）	30～60 min
↓	
软蜡	30 min
↓	
硬蜡（Ⅰ）	30 min
↓	
硬蜡（Ⅱ）	30 min
↓	
硬蜡包埋	

切片、贴片、干燥（自然干燥或烘干）、染片

（二）非组织切片

1. 涂片法（smear）

将动物机体的液态组织或分泌物，薄薄地涂在载玻片上，干燥后经过固定，染色处理，然后进行观察。若要长期保存，封藏后可永久使用。如制作血涂片。

2. 铺片法（stretched preparation）

动物机体中的一些结构较疏松的组织（如疏松结缔组织、肠系膜等），取出后在解剖显微镜下操作，将其在载玻片上铺成薄片，然后经过固定、脱水、染色和封藏等，做成永久玻片。

3. 整体装片法（whole-mount preparation）

待制片的材料如果很小或很薄（如鸡胚、蛙胚、运动神经末梢等），可取出后整体直接固定，然后经脱水、染色、封存的制片技术即为整体装片法。

4. 磨片法（ground section）

动物机体坚硬的组织器官（如骨、软骨等），不能用上述几种方法将其制成薄片，只能采取反复"磨"的方法来进行制片。如将骨组织磨成薄片，经贴片、脱水、染色和封藏等过程，制成永久玻片。

(三)组织切片染色方法

1. 染色原理（staining principle）

染色是用染料使组织切片着色，便于镜下观察。天然和人工合成的染料甚多，它们都是含发色团的有机化合物，当染料具有助色团成为盐类物质，即可溶解于水并具电荷，与组织有亲和力，使组织着色。含氨基（—NH$_2$）、二甲氨基[—N(CH$_3$)$_2$]等碱性助色团的染料，称碱性染料（basic dye），它的盐溶液具正电荷，含羧基（—COOH）、羟基（—OH）或磺基（—SO$_3$H）等酸性助色团的染料，称酸性染料（acid dye），它的溶液具负电荷。组织的染色原理一般认为基于化学结合或物理吸附作用。细胞和组织的酸性物质或结构与碱性染料亲和力强者，称嗜碱性（basophilia）；而碱性物质或结构与酸性染料亲和力强者，称嗜酸性（acidophilia）；若与两种染料的亲和力均不强者，称嗜中性（neutrophilia）。组织的基本成分是蛋白质，构成蛋白质的氨基酸常是既有含氨基的，也有含羧基的，是两性电解质。各种蛋白质的等电点因氨基酸成分的不同而异，其电荷性质又与溶液的 pH 相关，根据研究目的选用合适的染色方法，调整好染液的 pH，即可取得良好染色效果。常用的酸性染料有伊红、坚牢绿、橙黄 G等，碱性染料有苏木精、亚甲蓝、碱性品红等。组织学中最常用的是苏木精—伊红染色法（haematoxylin-eosinstaining），简称 HE 染色法。苏木精使细胞核和胞质内的嗜碱性物质着蓝紫色，伊红使细胞质基质和间质内的胶原纤维等着红色。

物理吸附作用的染色方法是使染料直接进入细胞组织内进行显色，如用苏丹染料显示脂肪组织，用硝酸银、氯化金等重金属盐显示组织中某些结构等。在银染法中有些组织结构还可直接使硝酸银还原而显色，称为亲银性（argentaffin）；有些结构无直接还原作用，需加入还原剂方能显色，则称为嗜银性（argyrophilia）。还有些组织成分如结缔组织和软骨基质中的糖氨多糖，当用甲苯胺蓝（toluidine blue）等碱性染料染色后呈紫红色，这种现象称为异染性（metachromasia），其原理可能是该染料在溶液中呈单体状态时显蓝色，当它与多阴离子的高分子物质耦合后，染料分子聚合成多聚体而显红色。

还有些染色方法的原理至今还不清楚。组织细胞染色原理至今尚无满意的解释，可能是物理作用，也可能是化学作用，或者是两者综合作用的结果。染色的物理作用是利用毛细管现象，渗透、吸收和吸附作用，使染料的色素颗粒牢固地进入组织细胞，并使其显色。染色的化学作用是渗入组织细胞的染料与其相应的物质起化学反应,产生有色的化合物。各染料都具有这两种性质,这两种性质主要是由发色团和助色团产生。

苯的衍生物具有可见光区吸收带。这些衍生物显示的吸收带与其价键的不稳定性有关,如对苯二酚为无色,当其氧化后失去两个氢原子,它的分子则变为有黄色的对醌,这种产生颜色的醌式环称为发色团。若一种化合物含有几个环,只要其中有一个醌式环就可产生颜色,称此发色团为色原(chromogen)。

助色团是一种能使化合物产生电离作用的辅助原子团(酸碱性基团)。它能使染色的色泽进一步加深,并使其与被染色组织具有亲和力。助色团的性质决定染料的酸碱性。碱性染料具有碱性助色团,在溶媒中产生的带色部分为带正电荷的阳离子,易与组织细胞内带负电荷的物质结合而显色,此性质被称为嗜碱性。如细胞核内的主要化学成分脱氧核糖核酸易被苏木精染成紫蓝色。酸性染料具有酸性助色团,在溶媒中产生的带色部分为阴离子,易与组织细胞内带正电荷的部分结合而显色,此性质被称为嗜酸性,如细胞质内成分大多为蛋白质,易与伊红或橘黄结合呈红色或橘黄色。

2. 苏木精-伊红染色方法(HE staining protocol)

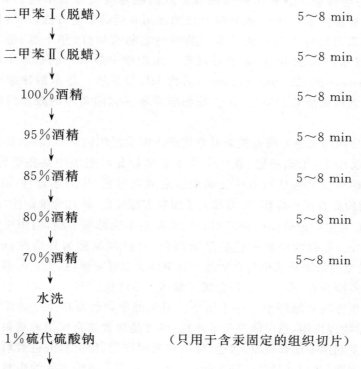

二甲苯Ⅰ(脱蜡)　　　　　　　　　　5～8 min

二甲苯Ⅱ(脱蜡)　　　　　　　　　　5～8 min

100%酒精　　　　　　　　　　　　5～8 min

95%酒精　　　　　　　　　　　　　5～8 min

85%酒精　　　　　　　　　　　　　5～8 min

80%酒精　　　　　　　　　　　　　5～8 min

70%酒精　　　　　　　　　　　　　5～8 min

水洗

1%硫代硫酸钠　　　　　(只用于含汞固定的组织切片)

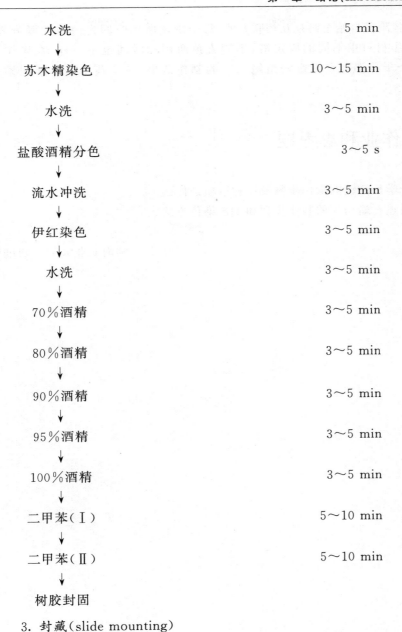

水洗	5 min
↓	
苏木精染色	10～15 min
↓	
水洗	3～5 min
↓	
盐酸酒精分色	3～5 s
↓	
流水冲洗	3～5 min
↓	
伊红染色	3～5 min
↓	
水洗	3～5 min
↓	
70%酒精	3～5 min
↓	
80%酒精	3～5 min
↓	
90%酒精	3～5 min
↓	
95%酒精	3～5 min
↓	
100%酒精	3～5 min
↓	
二甲苯(Ⅰ)	5～10 min
↓	
二甲苯(Ⅱ)	5～10 min
↓	
树胶封固	

3. 封藏(slide mounting)

　　组织切片染色后,为了便于长久保存,可用低浓度酒精依次脱水,再用二甲苯处理透明,然后用树胶将盖玻片贴附在组织材料上,树胶干后贴上标签。至此,石蜡组织切片基本制成。

以上各阶段自始至终是互相联系的,每个阶段所用时间是一个大概范围,不同的组织材料用不同的固定液,不同染色所用的时间也不一样,在操作过程中,每个步骤都可直接影响组织切片的制作效果,在实践中需不断积累总结经验。

五、作业和思考题

(1)光学显微镜的操作步骤及注意事项是什么?

(2)简述石蜡切片的制作步骤和 HE 染色方法。

湖南农业大学　刘进辉

第二章 细胞学(Cytology)

一、实验目的和要求

(1)掌握光镜下细胞 HE 染色的形态和结构。

(2)通过几种特殊染色切片的观察,了解细胞器(organoids)及细胞内含物(cell inclusion)的形态特征。

(3)掌握细胞有丝分裂(mitosis)的过程。

二、切片观察方法及要点

(一)细胞形态学观察

1. 肝细胞(hepatocyte)

肝细胞细胞质呈纤细的网状,细胞核呈圆形,核仁 1~2 个,染色较深,在细胞核(nucleus)的外围是被伊红染成红色或稍带紫红色的细胞质,往往呈颗粒状或网状,这是由于制片过程中蛋白质被固定而其中糖原、脂肪等内含物被溶解所造成。然后再分辨细胞与细胞界限,勾画出多面形的细胞轮廓来确定细胞膜的存在,但由于光镜分辨率所限,无法辨认其结构。

2. 精子涂片(sperm smear)

精子形状像蝌蚪,头部扁圆,尾部呈鞭毛状。

3. 神经元(neuron)

神经元其胞体呈星状,胞核大而圆,含少量染色质,核膜清楚,核仁较大位于核中央。由胞体延伸出若干个突起。

4. 平滑肌细胞(smooth muscle cell)

平滑肌细胞呈长梭形,核呈杆状位于中央。

5. 血细胞（hemocyte）

哺乳动物红细胞呈双凹的圆盘状，无核，染成红色。白细胞呈圆球形，其细胞核有多种形态，有呈球形的，有呈肾形的，有的呈分叶状。

（二）各种细胞器的观察

1. 线粒体（mitochondria）（铁矾苏木精染色、蝾螈肝）

肝细胞的细胞质微带蓝色，其中散布着深蓝色的颗粒状或杆棒状的线粒体。细胞核圆而清亮，有时略呈土黄色，其中有几个染色质块。在蝾螈的肝，常可发现含有棕褐色色素颗粒的色素细胞，细胞较肝细胞大，呈黄色。

二维码 2.1
线粒体

2. 高尔基复合体（golgi apparatus）（镀银法、猪脊神经节）

神经细胞细胞核圆而清亮，核仁清楚，细胞质淡棕黄色，其中高尔基复合体呈网状，黑褐色，环核分布，由于切面的厚度有限，网状结构往往切断成颗粒状或蝌蚪状。

3. 中心体（centrosome）（马蛔虫的受精卵）

在低倍镜下找到处于分裂前期和中期的受精卵，可清楚地看到 2 颗蓝黑色的中心粒。

二维码 2.2
高尔基体

4. 粗面内质网（rough endoplasmic reticulum）（多极神经元的尼氏体）

在脊髓腹角的多极神经元中可见蓝色斑块状的结构，其微细结构不清。

（三）细胞内含物的观察

1. 糖原（glycogen）（PAS 反应、苏木精复染、鼠肝）

在染成蓝色的肝细胞中，分布着紫红色的颗粒，即为 PAS 反应所显示的糖原颗粒，由于固定的影响，这些颗粒往往偏集于细胞的一端。

二维码 2.3
肝糖原

2. 脂滴（lipid droplet）（锇酸固定、伊红复染、鼠肝）

在染成红色的细胞质中，分布着大小不等的黑色球形颗粒，即为锇酸固定后的脂肪滴。

（四）细胞分裂观察

1. 有丝分裂（mitosis）（马蛔虫子宫切片、铁苏木精染色，图 2-1）

切片中有 4～6 个圆形马蛔虫子宫横切面。选择一个马蛔虫子宫横切面，子宫腔内有许多圆形马蛔虫卵切面，马蛔虫卵的外表面都包着一层较厚的胶质膜，内部是处于不同分裂阶段的受精卵细胞。

前期（prophase）：核仁、核膜消失。染色质变成染色质丝，继而变成染色体，马蛔虫卵的染色体为 2 对，两颗中心粒开始向两端移动。

中期（metaphase）：中心粒两极，与纺锤丝形成纺锤体，纵裂为二的染色体很规则地排列在纺锤体的赤道面上。

后期（anaphase）：纵裂了的染色体各分开成单体，并各向两端移动。在细胞的中部出现缢缩。

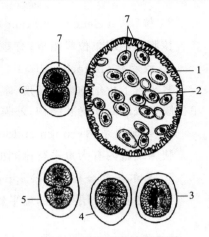

图 2-1　动物细胞有丝分裂

1. 马蛔虫子宫壁　2. 马蛔虫卵　3. 前期
4. 中期　5. 后期　6. 末期　7. 胶质膜

末期（telophase）：移至中心粒附近的染色体重新组成细胞核，核仁核膜重新出现，同时整个细胞缢缩成 2 个子细胞。

2. 无丝分裂（miosis）（蟋蟀卵膜上皮封片、铁苏木精染色）

先在低倍镜下找出染色适度的地方，再换高倍镜仔细观察。其卵膜上皮细胞呈多边形，细胞界限清楚，细胞质非常少，着深蓝色；核大而圆，着色反比细胞质淡；核仁清晰，着深蓝色。寻找处于无丝分裂各个时期的细胞，理解其分裂的全过程。随着核仁拉长，中间断开成 2 个核仁的同时，细胞核随之凹缢成 2 个细胞核，随即整个细胞分裂成两个部分。

三、示范切片

高倍显微镜观察，经过细胞培养和特殊处理的细胞内含有呈线状的染色体，染色体的长短不一。

四、电镜照片

1. 细胞膜（cell membrane）

红细胞细胞膜，由 3 层结构组成，内、外两层电子密度高，中间层电子密度低。

2. 核膜（nuclear membrane）

核膜由两层单位膜组成，有些区域两层核膜互相融合形成核孔。

3. 线粒体（mitochondria）

肾小管上皮细胞内有圆形、哑铃形和杆状的线粒体，线粒体是由内、外两层单位膜形成的封闭囊状结构，外膜平滑，内膜向内折叠形成嵴。

4. 粗面内质网（rough endoplasmic reticulum）

胰腺细胞内有大量平行排列的粗面内质网，表面附着有致密的核糖体。

5. 高尔基复合体（golgi apparatus）

胃主细胞由几层弓形的扁平囊泡、成群的小泡和大泡组成。

五、作业和思考题

（1）试述各种细胞器的功能及相互关系。

（2）细胞膜有哪些重要功能？

（3）什么是细胞周期？细胞周期中细胞核有哪些变化？

南京农业大学　杨倩

第三章　上皮组织(Epithelium)

一、实验目的和要求

(1)掌握各种类型被覆上皮(covering epithelium)的形态结构。

(2)掌握肠黏膜层单层柱状上皮(simple ciliated columnar epithelium)的结构特点。

(3)了解上皮细胞各个面的特化结构。

二、切片观察方法及要点

(一)家畜动物上皮组织学结构特点

1. 猪大动脉单层扁平上皮(simple squamous epithelium in porcine large artery)

低倍镜观察:找到紧靠血管腔面部位,换高倍镜观察。

高倍镜观察:可见此线为一层细胞连接(cell junction)而成,由于胞质菲薄,故染色较淡。细胞核呈扁椭圆形,位于细胞中央并向管腔突出,染成蓝紫色。衬于心脏、血管及淋巴管腔面的单层扁平上皮称内皮(endothelium),内皮表面光滑,便于血液、淋巴液流动。被覆于胸膜、腹膜及心包膜表面的单层扁平上皮称间皮,间皮滑润、坚韧耐磨,有保护功能,便于内脏器官活动。单层扁平上皮还分布于肾小囊壁层、肺泡壁、肾髓袢降支等处。

二维码 3.1
猪血管

2. 犬甲状腺单层立方上皮(simple cuboidal epithelium in canine thyroid)

低倍镜观察:在低倍镜下可以看到一些大小不等的滤泡(follicle),滤泡中央有被染成红色的胶状物质。

高倍镜观察:构成滤泡壁的是单层立方上皮,细胞的高度和宽度约略相等而呈方形,核圆形位于中央。由于各滤泡往往处于不同的生理功能情况下,因此各个滤泡的上皮细胞的高度差别很大。

3. 猪小肠单层柱状上皮(simple columnar epithelium in pig small intestine)

低倍镜观察:可见肠壁腔面有许多突起的小肠绒毛(villi),选择一个结构清晰的小肠绒毛进一步详细观察。

高倍镜观察:小肠绒毛表面细胞形态为柱状,细胞界限不清,核椭圆形,染色深,呈紫蓝色,位于细胞基底部,细胞质染成淡粉色,转动细调焦螺旋,可见上皮的游离面有一条亮红色粗线样的结构即纹状缘,它是由微绒毛密集而成的。在局部的上皮细胞之间,夹有单个呈空泡样的杯状细胞,染色较淡。

4. 猪食管复层扁平上皮(stratified squamous epithelium in porcine esophagus)

低倍镜观察:找到紧靠腔面的复层扁平上皮,可见到上皮厚,层数多,选择一清晰部位换高倍镜观察。

高倍镜观察:从腔面向外观察,上皮细胞可分3个层次——表层由数层扁平状的细胞构成,胞质弱嗜酸性;中间层细胞大,层数多,由多边形或梭形的细胞构成,细胞核圆形或椭圆形,着色较浅,细胞质亦弱嗜酸性;基底层细胞呈立方形或矮柱状,位于基膜上,排列紧密,胞核椭圆着色深,胞质弱嗜碱性,因此,易与基膜下淡红色的结缔组织相区别。分布于皮肤表皮的复层扁平上皮,表层细胞内含大量的角质蛋白,形成角质层,最后细胞死亡呈干燥的鳞片状脱屑,称角化的复层扁平上皮,具有很强的保护和抗磨作用;而分布于口腔、食管和阴道腔面上的浅层细胞含角蛋白较少,不形成角质层,称非角化的复层扁平上皮。

二维码 3.2
猪食管

5. 犬气管横切片假复层柱状纤毛上皮(pseudostratified ciliated columnar epithelium in canine trachea)

低倍镜观察:气管横切面是圆形,气管的黏膜层较薄,被覆的是假复层柱状纤毛上皮,选择其中较清晰的部分换高倍镜观察。

高倍镜观察:由于构成上皮的3种细胞高低不一,故上皮中细胞核的位置亦高低不平,大致可排成3层。表层的细胞核呈椭圆形,较大,着色较淡的是高柱状细胞的核;中间层的细胞核呈较小的椭圆形,着色较深,是梭形细胞的核;最深层的细胞核呈圆形,着色最深,是锥形细胞

二维码 3.3
犬鼻腔

的核。三种细胞位于同一基膜上,实属单层上皮。注意高柱状细胞的游离面有纤毛。在上皮细胞之间还可看到一种单细胞腺——杯状细胞,其颈部宽大,充满着染成淡蓝色空泡状的黏液,其细胞核被挤压在狭细的底部,呈三角形。上皮的基底面与结缔组织之间有较明显的基膜。

6. 犬膀胱变移上皮(transitional epithelium in canine bladder)

低倍镜观察:找到膀胱的黏膜面,选择其中较清晰的部分换高倍镜观察。

高倍镜观察:处于收缩状态的变移上皮细胞层次较多,一般为4～6层。其最表层覆盖着一层胞体较大呈立方形的盖细胞,其细胞质浓缩成角化状态,染色较深,称为壳层。在壳层下方的中间层细胞,呈倒置的梨形。基层的细胞都呈低柱形。各层的细胞核,都呈圆形或椭圆形。基膜不明显。当膀胱充盈扩张时,上皮变薄,减少至2～3层,细胞变成扁平形。

禽类动物上皮组织学结构特点同家畜相似。

(二)鱼类动物上皮组织学结构特点

1. **鲤鱼肠单层柱状上皮**(simple columnar epithelium in cyprinoid intestine)

低倍镜观察:在绒毛表面找到单层柱状上皮。上皮有两个面——游离面即为空肠腔面,没有任何组织相连接,其对应的另一面是基底面,与结缔组织相连接。移动切片,选择蓝色椭圆形或杆状细胞核排列整齐的部位转高倍镜观察。

二维码3.4
鱼肠

高倍镜观察:上皮细胞呈柱状,胞质着浅红色,胞核呈椭圆形或长杆状,着紫蓝色,排列于细胞基底部。

2. **鲫鱼皮肤复层扁平上皮**(stratified squamous epithelium in cyprinoid skin)

低倍镜观察:在管腔面找到复层扁平上皮,其细胞层数为数十层,基底面呈波浪状,以结缔组织连接。结缔组织形成乳头(色较浅)突到基底层的凹面。从基底面到游离面,细胞分界不清,但可从细胞核的形态变化观察其特点。

高倍镜观察:从基底面到游离面观察各层上皮细胞形态特点,基底层细胞呈矮柱状(一层),核呈卵圆形,着色深,排列紧密,胞质很少(有些部位基底层细胞核可见2～3层,是因为切斜了;有些部位在上皮内可见圆形或不规则形的浅色结构,是因上皮切斜,切到了深处突入基底层凹面的结缔组织乳头,乳头周围染色较深部分即为上皮基底层细胞)。中间部有几层多边形细胞,分界清楚(细胞间的分界线实为细胞间质),胞质着色浅,胞核圆,位于细胞中央。近游离面有数层扁平细胞,胞核椭圆形,其长轴与表面平行。

三、示范切片

颌下腺(submandibular gland):在颌下腺中,可以见到由浆液性细胞和黏液性细胞组成的 3 种不同形态的腺泡。浆液性腺泡呈圆形或椭圆形,由数个锥形的浆液性细胞围成,腺细胞基部胞质嗜碱性,细胞顶部含大量嗜酸性分泌颗粒而呈红色,核圆,位于细胞基部。黏液性腺泡由锥形的黏液性细胞组成,胞质内含大量的黏原颗粒,着色很淡,呈淡蓝色,核被挤向基底部,呈扁平月牙形。混合性腺泡是在黏液性腺泡的一侧有几个浆液性细胞附着,呈半月状排列,色红,又称浆半月。

四、电镜照片

1. **小肠上皮细胞(small intestinal epithelial cell)**
小肠柱状上皮的游离面可见微绒毛。柱状上皮的侧面可见几种细胞连接,包括紧密连接、中间连接和桥粒。
2. **气管上皮细胞(tracheal epithelium cell)**
气管上皮的表面可见大量垂直于细胞表面排列的纤毛。
3. **肾小管上皮细胞(renal tubular epithelial cell)**
肾小管上皮的基部面可见质膜内褶和基膜。

五、作业和思考题

(1)试述被覆上皮的分类、结构及分布。
(2)常见的细胞连接有哪几种?各有何功能?
(3)单层柱状上皮分布在哪里?有何主要功能?

沈阳农业大学 石 娇

第四章 结缔组织
(Connective Tissue)

一、实验目的和要求

(1)掌握固有结缔组织中特别是疏松结缔组织(loose connective tissue)和网状组织(reticular tissue)等的形态特点。

(2)掌握致密结缔组织(dense connective tissue)和脂肪组织(adipose tissue)光镜结构。

(3)掌握家畜血液(blood)形态结构特点,要求在显微镜下能正确地加以区分。

(4)了解畜、禽血液的有形成分形态上的异同。

二、切片观察方法及要点

(一)家畜动物结缔组织学结构特点

1. **大鼠肠系膜疏松结缔组织**(loose connective tissue in rat mesentery)

低倍镜观察:可见纵横交错呈淡红色的胶原纤维和深紫色单根的弹性纤维,纤维间有许多散在的细胞。选择薄而清晰的部位换高倍镜观察。

高倍镜观察:可以辨认以下 2 种纤维和 3 种细胞成分。

胶原纤维(collagenous fiber)染成淡红色,数量多,为长短粗细均不等的纤维束,呈现波浪状且有分支,相互交织成网。弹性纤维(elastic fiber)数量少,呈深紫色的发丝状,长且比较直,断端有卷曲。

成纤维细胞(fibroblast)数量最多,胞体大,是具有多个突起的星形或多角形细胞。由于胞质染色极浅而细胞轮廓不清,只能根据细胞核较大、椭圆形、有 1~2 个明显的核仁等特点来判断,这些细胞多沿胶原纤维分布。另外,还可见到一些椭圆形、较小且深染、核仁不明显的细胞核,此系功能不活跃的纤维细胞的细胞核。

巨噬细胞(macrophage)又称组织细胞(histocyte),一般呈梭形或星形,最大的特征是胞质内有许多被吞噬的台盼蓝颗粒,细胞核较小,椭圆形且染色较深,见不到核仁,可借助于胞质中吞噬颗粒的存在来判断它的形状和大小。

2. 猪气管透明软骨(hyaline cartilage in porcine trachea)

低倍镜观察:找到透明软骨后,即可见到表面有粉红色的嗜酸性软骨膜,中央的基质着浅蓝紫色,其中散布着许多软骨细胞。

二维码 4.1
猪气管

高倍镜观察:软骨膜(perichondrium)由致密结缔组织构成,可见平行排列的嗜酸性胶原纤维束,束间夹有扁平的成纤维细胞。软骨细胞(chondrocyte)位于软骨陷窝内,边缘的软骨细胞小,呈扁平形或椭圆形,越近中央,细胞体积越大,变成卵圆形或圆形。生活状态下软骨细胞充满软骨陷窝,制片后因胞质收缩,软骨细胞与陷窝壁之间出现空隙。由于软骨细胞分裂增殖,一个陷窝内常可见到 2~4 个软骨细胞,称同源细胞群。软骨基质呈均质凝胶状,埋于其中的胶原原纤维不能分辨。在软骨陷窝周围的基质中含有较多的硫酸软骨素而呈强嗜碱性,称软骨囊。

3. 猪血涂片(porcine blood smear)

低倍镜观察:可见到大量圆形而细小的红细胞(erythrocyte)。白细胞(leukocyte)很少,稀疏地散布于红细胞之间,具有蓝紫色的细胞核。选白细胞较多的部位(一般在血膜边缘和血膜尾部,因体积大的细胞常在此出现),换高倍镜观察。

二维码 4.2
猪血图片

高倍镜观察:红细胞数量最多,体积小而均匀分布,呈粉红色的圆盘状,边缘厚,着色较深,中央薄,着色较浅。根据白细胞胞质中有无特殊颗粒,白细胞可分为有粒白细胞和无粒白细胞两类。有粒白细胞又根据颗粒对染料亲和性的差异,分为中性粒细胞、嗜酸性粒细胞和嗜碱性粒细胞 3 种。无粒白细胞有单核细胞和淋巴细胞两种。血小板体积很小,常三五成群散布于红细胞之间,为圆形、椭圆形、星形或多角形的蓝紫色小体,中央着色深的是血小板的颗粒区,周边着色浅的是透明区。

中性粒细胞(neutrophil)是白细胞中数量较多的一种,体积比红细胞大,主要的特征是胞质中的特殊颗粒细小、分布均匀、着淡红色或浅紫色。胞核着深紫红色,形态多样,有豆形、杆状(为幼稚型,胞核细长,弯曲盘绕成马蹄形、"S"形)或分叶状,一般分 3~5 叶或更多,叶间以染色质丝相连,各叶的大小、形状和排列各不相同。

嗜酸性粒细胞(eosinophilic granulocyte)比中性粒细胞略大,数量少,胞核常分 2 叶,着紫蓝色。主要特点是胞质内充满粗大的嗜酸性特殊颗粒,色鲜红或橘红。

嗜碱性粒细胞(basophil granulocyte)数量很少,体积与嗜酸性粒细胞相近或略小。主要特征是胞质中含有大小不等、形状不一的嗜碱性特殊颗粒,颗粒着蓝紫色,常盖于胞核上。胞核呈"S"形或双叶状,着浅紫红色。此种白细胞由于数量极少,必须多观察一些视野方能察见。

淋巴细胞(lymphocyte)有大、中、小 3 种类型。其中,小淋巴细胞最多,血膜上很易见到,体积与红细胞相近或略大。核大而圆,几乎占据整个细胞,核一侧常见凹陷,染色质呈致密块状,着深紫蓝色。胞质极少,仅在核的一侧出现线状天蓝色或淡蓝色的胞质,有时甚至完全不见。中淋巴细胞体积与中性粒细胞相近,形态与小淋巴细胞相似,但胞质较多,呈薄层围绕在核的周围,在核的凹陷处胞质较多且透亮。大淋巴细胞在正常血液中不常见到,体积与单核细胞相近或略小,胞核圆形着深紫蓝色,胞质更多,呈天蓝色,围绕核周围的胞质呈淡染区。

单核细胞(monocyte)是白细胞中体积最大的一种,胞核呈肾形、马蹄形或不规则形,常靠近细胞一侧,着色浅,染色质呈细网状。细胞质丰富,弱嗜碱性,呈灰蓝色,偶见细小紫红色的嗜天青颗粒。

(二)禽类动物结缔组织结构特点

家禽的血细胞包括红细胞、白细胞和血栓细胞,与哺乳动物的血细胞比较,具有以下结构特点。

低倍镜观察:数量众多的红细胞分散或成群附着于玻片上,在红细胞群之间可看到细胞核染色成紫蓝色的白细胞。挑选白细胞较集中的区域,转高倍镜对各类血细胞逐一仔细观察。

高倍镜观察:红细胞呈椭圆形,中央有深染的椭圆形细胞核,不见核仁,胞质呈均质的淡红色。

中性粒细胞(neutrophils)又称异嗜性粒细胞,圆形,核呈分叶状,一般具有 2～5 个分叶,胞质内嗜酸性的特殊颗粒呈杆状或纺锤形。

二维码 4.3
鸡血图片

凝血细胞(coagulation cell)又称血栓细胞,相当于家畜的血小板。凝血细胞具有典型细胞的形态和结构,比红细胞略小,两端钝圆,核呈椭圆形,染色质致密。胞质微嗜碱性,内有 1～2 个紫红色的嗜天青颗粒。

其他血细胞基本上与家畜血细胞形态相似。

(三)鱼类动物结缔组织结构特点

鱼类的红细胞同哺乳动物红细胞在结构、大小、数量上都有差别。鱼类的红细胞是有核的椭圆形细胞,而哺乳动物红细胞是无核的双凹圆盘状,这是鱼类与哺乳动物在血细胞结构方面最显著的差异。鱼类都有嗜中性粒细胞,大多数鱼类具有嗜酸性粒细胞,仅少数鱼类才有嗜碱性粒细胞。淋巴细胞圆形或卵圆形,血栓细胞呈泪滴或纺锤形。

三、示范切片

1. 猪骨磨片(porcine ground section)(龙胆紫染色)

由于是磨片,骨中的骨膜、骨细胞、血管及神经等已不存在,只留下骨板、骨陷窝及骨小管等结构。从外向内可见外层骨板、骨单位、内层骨板。在上述各种骨板周围可见到浅色的分界线即黏合线。在骨板间或骨板内深染小窝为骨陷窝,其周围伸出的细管为骨小管。骨陷窝和骨小管是骨细胞及其突起存在的腔隙,另外,还有少数呈横行或斜行的管道穿通内、外环骨板并与骨单位相通。

2. 猪淋巴结网状组织(reticular tissue in porcine lymph node)(硝酸银染色)

网状纤维和网状细胞胞体均染成黑色,网状细胞较大,有数目不等的胞质突起,相邻网状细胞的突起可互相连接成网。

四、电镜照片

1. 成纤维细胞(fibroblast)

成纤维细胞胞质内可见大量的粗面内质网、游离核糖体及高尔基复合体。

2. 巨噬细胞(macrophage)

巨噬细胞形态不规则,细胞表面有不规则的突起和微绒毛,胞质内含有大量的溶酶体、吞饮小泡和吞噬体。

3. 浆细胞(plasma cell)

浆细胞细胞圆形或卵圆形,核圆形,偏于一侧,染色质呈车轮状分布。胞质内有大量平行排列的粗面内质网。

4. 肥大细胞(mast cell)

肥大细胞胞体圆形、卵圆形,细胞表面有微绒毛,胞质内充满大小不等的膜包颗粒。

五、作业和思考题

(1)疏松结缔组织的组成成分包括哪些?各有何功能?

(2)试述软骨组织的结构和软骨的种类。

(3)长骨的结构包括哪些?

(4)试述白细胞的分类、正常值和功能。

附 血液涂片的制作与瑞氏(Wright)染色法

(1)取新鲜的动物血一滴,滴于载玻片上,用另一载玻片的一端与有血滴的载玻片形成一 30°的角度,快速、均匀地将血滴推开(中间不要停顿,速度要一致,否则血膜呈现波浪状),制成一张薄而均匀的血膜(图 4-1)。注意,载玻片一定要清洗干净,不能有油污,以免血液不能很好地形成一层完整的膜。

(2)新鲜血膜在空气中干燥,约 5 min 后用甲醇(滴加)固定 5~10 min。

(3)将固定好的血膜片置于大培养皿中,滴加几滴瑞氏染液,1 min 后再加与染液等量的磷酸盐缓冲液继续染色 2~5 min。染色过程中必须加皿盖,以免染液内的甲醇挥发。

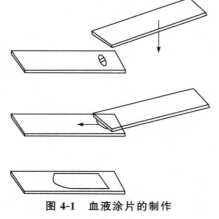

图 4-1 血液涂片的制作

▶瑞氏染液的配制

瑞特粉末　　　　　　0.1 g

纯甲醇　　　　　　50~60 mL

溶解后即可使用。

▶磷酸盐缓冲液的配制(pH 6.98～7.2)

磷酸二氢钾　　　　0.49 g

磷酸氢二钠　　　　1.14 g

蒸馏水　　　　1 000 mL

(4)水洗。洗涤时,先不要倾去血膜片上的染液,而是在水洗的过程中洗去浮在面上的染液,这样就会减少沉淀物的附着。空气中自然干燥、镜检。

(5)必要时,可滴加香柏油封片。也有人待血膜片干后用中性树胶封片,但都不能长期保存。

(6)结果:①细胞核紫红色;②核仁淡蓝色或近似胞质的颜色;③细胞质灰蓝色、紫蓝色、多色性。

沈阳农业大学　石　娇

第五章 肌肉组织(Muscular Tissue)

一、实验目的和要求

(1)掌握骨骼肌(skeletal muscle)形态和结构特点。

(2)掌握心肌(cardiac muscle)和平滑肌(smooth muscle)形态和结构特点。

二、切片观察方法及要点

1. 猪骨骼肌(porcine skeletal muscle)

低倍镜观察:骨骼肌的纵切面上有许多平行排列着的圆柱状肌纤维(muscle fibers),具有明暗相间的横纹,边缘有很多细胞核。横切面上可见肌纤维集聚成束,被切成许多圆形或多边形断面。无论纵切面或横切面,肌纤维周围都有疏松结缔组织包裹(肌内膜和肌束膜),结缔组织内含丰富的血管。

二维码 5.1

猪骨骼肌

高倍镜观察:在高倍镜下找出一条横纹清晰的肌纤维观察。在肌纤维膜下分布着一些椭圆形的细胞核,可以见到核仁。肌纤维内含有顺长轴平行排列的肌原纤维,很多肌原纤维上的明带(Ⅰ盘)和暗带(A盘)相间排列,形成横纹。仔细观察,在暗带中有一淡染的窄带称H带,H带中央还有一细的M线。在一般光镜下,M线不能见到。在明带中央有一条隐约可见的Z线(间线),相邻两条Z线之间的一段肌原纤维即为一个肌节(sarcomere)。

2. 猪心肌(porcine cardiac muscle)

低倍镜观察:由于心肌纤维呈螺旋状排列,故在切面中可同时观察到心肌纤维的纵切、斜切或横切面。各心肌纤维之间由结缔组织相连并含有丰富的血管。

二维码 5.2

猪心肌

高倍镜观察:先观察纵切的心肌纤维,细胞呈短柱状,平行排列,并以较细而短的分支与邻近的肌纤维相吻合,互连成网。胞核椭圆形,位于细胞中央,注意核周围由于肌浆较多而呈淡染区。心肌纤维亦可见明暗相间的横纹,但不如骨骼肌明显。心肌横切面呈大小不等的圆形或椭圆形,心肌无骨骼肌那样结构典型的肌原纤维,并呈放射状分布于肌纤维周边,中间有一圆形胞核,核周围清亮,但很多切面未能切到核。

二维码 5.3
猪心肌

3. 猪平滑肌(porcine smooth muscle)

低倍镜观察:切片呈红色,本实验观察的是小肠的肌层,呈更深的红色,而且比较厚。低倍镜下从小肠的腔面向外观察,依次是黏膜层、黏膜下层(淡红色)、肌层(深红色)和浆膜。肌层发达,由平滑肌纤维呈内环和外纵排列。在此切面上内环肌呈纵切,外纵肌呈横切。

二维码 5.4
猪平滑肌

高倍镜观察:纵切的平滑肌纤维呈细长纺锤形,彼此嵌合紧密排列,胞核为长椭圆形,位于肌纤维中央,若见到扭曲的细胞核,是由于平滑肌收缩所引起。胞质嗜酸性,呈均质状,不具横纹。横切的肌纤维呈大小不等的圆形切面,较大的切面上可见到圆形的细胞核,偏离肌纤维中部的切面均较小而无核。

三、示范切片

心肌闰盘(intercalated discs)(铁苏木精或钾矾-苏木红染色):高倍镜下可清楚见到肌纤维的分支和横纹,在两个心肌纤维的连接处,可见到染成深蓝色呈阶梯状的闰盘。

四、电镜照片

1. 骨骼肌纤维(skeletal muscle fiber)

在骨骼肌的纵切面,清楚可见肌原纤维的明带、暗带、Z 带、H 带、M 线、肌节以及肌原纤维之间的线粒体。横小管和两边的终池构成三联体。

2. 心肌纤维(cardiac muscle fiber)

在心肌的纵切面,可见肌浆网和大量的线粒体,横小管常和一边的终池构成二联体。闰盘由相邻两个心肌细胞相互嵌合构成。

五、作业和思考题

（1）试述骨骼肌、心肌、平滑肌的光镜结构。
（2）比较 3 种肌纤维形态结构上的异同点。

沈阳农业大学　石　娇

第六章　神经组织(Nervous Tissue)

一、实验目的和要求

(1)掌握神经元(neuron)和有髓神经纤维(myelinated nerve fiber)的组织结构特点。

(2)了解神经末梢(nerve terminal)的结构及功能。

二、切片观察方法及要点

1. 兔脊髓神经元(rabbit spinal neuron)

肉眼观察:切片中脊髓(spinal cord)横断面呈扁圆形,其外面包裹着脊膜。脊髓中央有"H"形深染结构,此为脊髓的灰质(gray matter),周围的染色浅的部分为白质(white matter)。灰质的一对较宽大的突出部分为腹角,较细小的突出部分为背角。白质由神经纤维集中形成,其中多为有髓神经纤维的横断面。灰质由神经元的胞体、大量神经胶质细胞和无髓神经纤维构成。腹角中有体积很大的神经元胞体,数量多,成群分布。背角中的神经细胞较小,数量较少,分散排列。脊髓中央空隙为脊髓中央管,由立方形或矮柱状室管膜细胞构成其管壁。

二维码 6.1
家兔脊髓

低倍镜观察:先观察脊髓全貌,找到脊髓中央管。将显微镜视野调节至腹角,可看到许多染成蓝紫色、大小不一、形态各异的多极神经元,其周围有许多较小而圆形的细胞核为神经胶质细胞核(胶质细胞的胞质不明显),选切面结构较完整的神经元,换高倍镜观察。

高倍镜观察:运动神经元胞体呈多角形,胞体内可见细胞核和尼氏体(Nissl body)等结构。胞质中充满紫蓝色小块状或颗粒状结构,为尼氏体(虎斑)。细胞核大而圆，多位于胞体的中央，核内异染色质少，故胞核染色浅，核仁清楚可见。因此，HE 染色中的神经细胞与一般其他细胞在形态上有很大区别，即一般其他细胞的胞核染色深（紫蓝色），胞质染色浅（淡粉红色）。由于切面关系，由于许多神经元未切到细胞核部位，所以切片中许多神经元胞体中不能看到细胞核。从胞体发出多个突起，有树突（dendrite）和轴突（axon）两种，切片中仅见突起根部。胞突的起始部较粗，含有尼氏体的是树突，数目较多。不含尼氏体的是轴突，起始部称轴丘。轴突只有一个，因切面关系不易呈现，需多观察几个神经元，方能见到。在神经元的周围还可见到许多被切断的神经纤维和一些神经胶质细胞的细胞核。

2. 牛坐骨神经有髓神经纤维（myelinated nerve fiber in bovine sciatic nerve）

肉眼观察：切片中的标本为带状蓝紫色结构，为一段坐骨神经纵切面。

低倍镜观察：切片上可见许多弯曲、互相平行排列的纵切神经纤维。

高倍镜观察：神经纤维（nerve fiber）呈长条状，每条神经纤维的中央有一条染色较深的线条为轴突（轴索），轴突两侧着色较浅、呈空网状是髓鞘，髓鞘外侧着色较深的线条是神经膜。髓鞘和神经膜都呈节段性包在轴突外表，段与段之间的凹陷为郎飞节（神经纤维节）。

三、示范切片

1. 猫大脑皮质锥体细胞（pyramidal cell in feline cerebral cortex）（镀银染色）

对于神经组织来说，HE 染色或其他尼氏体染色只能显示神经元胞体和突起根部，不能用于观察神经元突起形态结构。而镀银染色法可以同时把神经元胞体和突起染成棕黑色，是研究神经元的结构与相互联系的经典方法。

高倍镜观察：大脑皮质锥体细胞的胞体呈三角形，自胞体顶端伸出一个较大突起，是主树突，伸向大脑表面，由主树突又可伸出一些分支。由三角形胞体的底面伸出一个细长的轴突，轴突的表面光滑，方向与主树突相反，进入大脑髓质。因切片关系，在此只能见到轴突自胞体伸出的一小段。

二维码 6.2
牛坐骨神经

二维码 6.3
猫大脑皮质

2. 猫鼻皮肤游离神经末梢（free nerve endings in feline nasal skin）（镀银，HE 复染）

游离神经末梢是一种感觉神经末梢，较细的有髓或无髓神经纤维的终末部分失去施万细胞，裸露的神经纤维末段分成细支，分布在表皮、角膜和毛囊的上皮细胞间，或分布在各型结缔组织内，如骨膜、脑膜、血管外膜、关节囊、肌腱、韧带、筋膜和齿髓等处。此类末梢感受冷、热、轻触和痛的刺激。

二维码 6.4
猫游离神经末梢

高倍镜下，在表皮层见到许多黑色、细的游离神经末梢。由于切面关系，看到多条神经纤维片段。

3. 兔骨骼肌运动终板（motor end plate in rabbit skeletal muscle）（氯化金染色）

运动终板是运动神经元的轴突终末与骨骼肌纤维共同形成的效应器。运动神经元的轴突抵达所支配的骨骼肌时失去髓鞘，其轴突反复分支，每一分支形成葡萄状膨大，与一条骨骼肌纤维接触，形成化学突触连接，连接处呈椭圆形板状膨大，称为运动终板，也叫神经-肌连接，是神经支配下骨骼肌收缩机制中的主要结构。

二维码 6.5
家兔运动终板

高倍镜下观察肋间肌压片，可见较粗、呈深黑色的运动神经纤维，分布在许多条淡红色的骨骼肌纤维上。神经纤维到达骨骼肌纤维前，分出一些爪状的分支，每一分支的终末形成扣状膨大，贴附在骨骼肌表面的凹槽内，即为运动终板。

四、作业与思考题

（1）绘制一个高倍镜下的多极神经元。
（2）简述尼氏体的分布位置。
（3）简述有髓神经纤维的结构。

河北农业大学　胡　满

第七章　神经系统(Nervous System)

一、实验目的和要求

(1)掌握小脑(cerebellum)和脊神经节(spinal ganglia)的组织结构特点。

(2)熟悉大脑皮质(cerebrum cortex)和脊髓(spinal cord)的组织构造。

二、切片观察方法及要点

1. 兔小脑(rabbit cerebellum)

兔小脑由灰质和白质构成,灰质构成小脑皮质,白质在中央,由神经纤维组成。根据神经元的分布,小脑皮质可分为分子层、浦肯野细胞层和颗粒层。分子层是小脑皮质最外面较厚的一层,主要由来自深层的浦肯野细胞的树突和颗粒细胞的轴突构成,突起间分布着星形细胞(水平细胞)和篮状细胞。浦肯野细胞层由一层浦肯野细胞构成。浦肯野细胞为大的多极神经元,树突有许多分支伸向分子层,轴突穿过颗粒层入白质,终止于其中的神经核,是小脑的唯一传出纤维。颗粒层为小脑皮质的最深层,主要由密集的颗粒细胞组成。

二维码 7.1

兔小脑

肉眼观察:小脑表面许多浅沟把小脑分隔成许多小脑叶,每一个小脑叶表层紫红色部分是皮质,深部淡红色为髓质(白质)。

低倍镜观察:(1)小脑皮质(cerebellar cortex)较厚,从外向内明显分为以下3层。

分子层(molecular layer)为皮质最浅层,很厚,染色淡,神经元少而分散稀疏,胞核小,着色深,胞质不明显,细胞成分主要有星形细胞和篮状细胞,也见有神经胶质细胞的核。在 HE 染色标本中不能分出星形细胞和篮状细胞。

二维码 7.2

兔小脑皮质低倍镜

浦肯野细胞层(purkinje cell layer)介于分子层及颗粒层之间,较薄,由一层胞体呈梨状，大而不连续的蒲肯野细胞构成。

颗粒层（granular layer）位于小脑皮质最深层，较厚，由大量胞体较小的颗粒细胞和少量胞体较大的高尔基细胞构成。由于细胞小且排列紧密，细胞轮廓不易分辨，仅见大量圆形或椭圆形嗜碱性的细胞核，似密集的颗粒而得名。细胞小，数目多，密集成颗粒状，此层染色最深，但在 HE 染色的标本中不能区分出颗粒细胞和高尔基细胞。

（2）小脑髓质（cerebellar medulla）在颗粒层深面，由许多纵行排列的有髓神经纤维和神经胶质细胞构成。有髓神经纤维的髓鞘已在制片过程中被脂溶剂溶去，仅见到神经纤维中央着红色的轴索和其两侧的神经角蛋白网及神经膜。

二维码 7.3
兔小脑皮
质高倍镜

高倍镜观察：以切面较完整的蒲肯野细胞为中心视野进行观察。蒲肯野细胞细胞体大，呈梨形，核大而圆，位于细胞中央（有的没有切到核），胞质中的尼氏体颗粒很小。有些细胞可切到 1～2 个伸向分子层的主树突，轴突自胞体底部发出，不易见到。

2. 牛的脊神经节（bovine spinal ganglia）

肉眼观察：脊神经节纵切面呈椭圆形，着紫红色。

低倍镜观察：脊神经节最外层有染色深的结缔组织构成的被膜。被膜的结缔组织深入神经节内，构成支架。被膜下有许多大小不等的圆形细胞，为感觉神经元，属于假单极神经元，沿神经节的长轴成行排列，行间红染的神经纤维由这些假单极神经元的突起构成。外表面有致密结缔组织被膜，并伸入节内分布于神经节细胞和神经纤维之间。选择结构清晰的神经细胞群，转换高倍镜观察。

二维码 7.4
牛脊神经
节低倍镜

高倍镜观察：脊神经节细胞的胞体切面多呈圆形，大小不等，胞质嗜酸性，尼氏体呈细颗粒状，胞核圆形，位于胞体中央，核仁明显。偶见胞体一侧有一个淡红色的胞突起始部。围绕胞体外周的一层扁平或立方形细胞即卫星细胞。卫星细胞为神经胶质细胞。在细胞群之间可见到大量神经纤维的纵切面，其中主要是有髓神经纤维，无髓神经纤维很少。

二维码 7.5
牛脊神经
节高倍镜

三、示范切片

二维码 7.6
兔大脑皮质

1. 兔大脑（rabbit cerebrum）

大脑的脑软膜下为皮质，由神经元、神经胶质和无髓神经纤维组成。根据神经元的大小、形态及分布,可将皮质由浅至深分为6层。第一层为分子层,位于皮质最浅层,神经细胞数量少,有水平细胞和星形细胞,体积小,排列稀疏,镜下看不清细胞的形态。第二层为外颗粒层,厚度与分子层相当,神经细胞较密集,由许多星形细胞及少量小锥体细胞组成。其中小锥体细胞的形态较清楚,胞体呈锥体形。第三层为外锥体细胞层,此层较厚,与外颗粒层无明显分界,神经细胞排列较稀疏,可见较多中、小型锥体细胞。第四层为内颗粒层,由多量星形细胞与少量锥体细胞组成。第五层为内锥体细胞层,主要为分散的大、中型锥体细胞。第六层为多形细胞层,以梭形细胞为主,尚有少量锥体细胞和星形细胞,但镜下看不清各种细胞的形态。髓质染浅粉色,神经纤维排列较为整齐,其中可见神经胶质细胞。

2. 猫的脊髓（feline spinal cord）（镀银染色）

脊髓腹角运动神经元的胞体及其突起,均为棕黑色。胞体呈多边形、三角形等多种形态。突起有的与胞体相连,有的为切片制作过程中被切断为片段。

二维码 7.7

猫脊髓

四、作业与思考题

(1)绘制低倍镜下小脑皮质的组织学结构图。
(2)简述脊神经节的组织结构特点。

河北农业大学　　胡　　满

第八章 循环系统
（Circulatory System）

一、实验目的和要求

（1）掌握毛细血管（capillary）和动静脉血管的组织结构。

（2）掌握心脏（heart）的组织结构。

二、切片观察方法及要点

1. 猪中动脉（porcine median artery）

低倍镜观察：横断面上可见中动脉管壁分 3 层。由腔面向外分别为内膜（tunica intima）、中膜（tunica media）和外膜（tunica adventitia）。内膜最薄，着色较浅；中膜最厚，着色较深；外膜较薄，着色最浅。

高倍镜观察：内膜（tunica intima）又可分为比较明显的 3 层，即内皮、内皮下层、内弹性膜。内皮细胞核呈圆形，由于细胞向管

二维码 8.1
猪中动脉

腔凸起而使胞核突入管腔。内皮下层为一薄层结缔组织，不很明显。内弹性膜为一薄层弹性纤维网形成的膜，在 HE 染色的切片上呈均质状，被染成淡红色，由于血管壁的收缩使其呈波浪状。

中膜（tunica media）是 3 层中最厚的一层，主要由多层螺旋状排列的平滑肌组成。在肌纤维之间有少量胶原纤维和弹性纤维，纤维成分由平滑肌细胞所形成。

外膜（tunica adventitia）由结缔组织组成，其纤维大多是纵行，近中膜处弹性纤维较多，有时形成外弹性膜。外膜上可见较多的自养小血管和脂肪细胞。

2. 猪中静脉（porcine median vein）

低倍镜观察：横断面上可见中静脉管壁也可分 3 层，但与中

二维码 8.2
猪中静脉

动脉相比，中静脉有以下4个特点——血管的直径比伴行的动脉大；管壁比动脉薄，弹性成分和平滑肌均较少，管壁常常塌陷而不规则；没有内外弹性膜，所以三层膜的界限不清，三层膜中外膜最厚；管腔内较易有血细胞贮留。

3. 猪大动脉（porcine main artery）

低倍镜观察：大动脉又称弹性动脉，其内弹性膜发达，分三四层，它与中膜的弹性膜相混不易分开；中膜最厚，分布有大量紫蓝色条纹（弹性纤维）。

二维码8.3
猪大动脉

高倍镜观察：大动脉主要由大量环形的弹性膜组成，杂有少量平滑肌和胶原纤维；外膜较薄，有大量纵行的胶原纤维，其中分布有自养血管。

4. 猪心脏（porcine heart）

低倍镜观察：在低倍镜下心脏壁可区分为3层结构，即心内膜、心肌膜和心外膜。心内膜着浅粉色，心肌膜很厚，着色较红，其外面为心外膜。

二维码8.4
猪心脏高倍镜

高倍镜观察：心内膜又分3层。内皮为单层扁平上皮。内皮下层为薄层纤细的结缔组织。心内膜下层由疏松结缔组织组成，其中分布有血管、神经和粗大成团的浦肯野纤维（也称束细胞）。浦肯野纤维是心脏传导系统的主要成分，是一种特殊的心肌纤维，其直径较心肌纤维大，中央有1～2个核，肌浆丰富，肌原纤维不发达，常呈扭曲状态，在切片上的断面较不规则，染色较淡。心肌膜由各种方向排列的心肌纤维构成，心肌纤维之间有少量结缔组织和丰富的毛细血管。心外膜即心包膜的脏层。外表为一层间皮，其内为薄层结缔组织，其中分布有小血管、淋巴管、神经、脂肪细胞等。

不同家畜禽循环系统的组织学结构区别不大。

三、示范切片

兔肠系膜（HE染色，示毛细血管和小血管）：在淡粉红色薄膜中，可见粗细不等的分支，这些均为肠系膜中的小动脉、小静脉、微动脉、微静脉及毛细血管。微动脉管径较小，管壁较薄，管壁上除有内皮细胞外还有少量与血管长轴垂直的平滑肌细胞核。微动脉再分支形成许多毛细血管，毛细血管相互通连吻合成网。毛细血管的管径很细，管壁很薄，只见一层内皮细胞核突向腔面，有时管腔内可见单行排列的红细胞。在内皮的外面可见周细胞。微静脉与微动脉相比较,管腔较粗,管壁很薄,内皮细胞外无平滑肌纤维。

四、电镜照片

3 种毛细血管的观察:连续毛细血管的内皮细胞有紧密连接,周围有基膜和周细胞的分布;有孔毛细血管内皮细胞胞质很薄,其中分布有许多小孔;血窦内皮细胞间隙较宽,腔不规则。

五、作业和思考题

(1)中动脉和大动脉的结构有何不同?
(2)心内膜下层的束细胞与心肌纤维有何不同?
(3)中动脉和中静脉的结构有何不同?

南京农业大学　杨　倩　庾庆华

第九章 免疫系统（Immune System）

一、实验目的和要求

（1）掌握不同动物主要淋巴器官的结构特点；注意比较胸腺（thymus）、淋巴结（lymph node）、脾脏（thymus）以及腔上囊（cloacal bursa）组织结构的异同点。

（2）在高倍镜下辨别出网状细胞（reticular cell）、淋巴细胞（lymphocyte）、巨噬细胞（macrophage）和浆细胞（plasma cell）。

（3）掌握猪淋巴结与一般家畜的不同点。

（4）掌握鱼类头肾（head kidney）和胸腺（thymus）的结构特点。（淡水养殖专业）

二、切片观察方法及要点

（一）家畜动物免疫器官组织学结构特点

1. 成年猪胸腺（adult porcine thymus）

肉眼观察：外周染色较深，中间区域染色较浅，可见胸腺内有大小不等的块状结构，为胸腺小叶（thymic lobule）。

低倍镜观察：被膜（capsule）是位于胸腺表面的薄层结缔组织。被膜结缔组织伸入内部，将实质分成许多不完整的小叶，为胸腺小叶。每个小叶都由外围着色较深的皮质部和中央着色较淡的髓质部组成，相邻小叶的髓质往往是相连续的。

二维码 9.1
猪胸腺低倍镜

皮质（cortex）由上皮性网状细胞和大量的淋巴细胞组成，皮质淋巴细胞密集排列，将上皮性网状细胞覆盖，因而颜色较深。

髓质（medulla）也由上皮性网状细胞和淋巴细胞组成，但淋巴细胞较稀疏，上皮性网状细胞比较容易辨认。

高倍镜观察：髓质部分布有圆形或卵圆形的胸腺小体（thymic corpuscle），由几层扁平的上皮性网状细胞呈同心圆状排列而成，其外层细胞有明显的胞核，向内的各层细胞嗜酸性逐渐增强，细胞核渐不明显，直至消失，呈现玻璃样变性，也可能角化或钙化。在皮质和髓质交界处，可见到立方形上皮围成的毛细血管后微静脉，它是胸腺产生的淋巴细胞进入血液的门户。

二维码 9.2
猪胸腺高倍镜

在皮质或皮质与髓质的交界处，还可见到较多的巨噬细胞，在巨噬细胞的细胞质中，有时能发现吞入的淋巴细胞残迹。

不同动物胸腺退化的年龄不同：牛 4～5 岁，马 2～3 岁，羊 1～2 岁，猪、犬 1 岁。

2. 猪的淋巴结（porcine lymph node）

肉眼观察：淋巴结切片，整个外形呈豆形，一侧凹陷处为门部，其表面为薄层红色被膜。

低倍镜观察：猪淋巴结的组织结构与一般家畜不同，主要表现在以下 3 点。

二维码 9.3
猪淋巴结

（1）皮质和髓质的位置恰好相反。淋巴小结和副皮质区分布在淋巴结的中央区域，而相当于髓质的成分则分布在外周，称周围区。这在幼年猪表现得明显，在成年猪中，在外周部分也有很多淋巴小结出现，造成了皮质、髓质混合分布的形态。

（2）周围组织不像典型的髓质结构，没有明显的髓索和髓窦结构，其中分布的网状细胞的突起短而粗，淋巴细胞的数量较少，另外也有巨噬细胞、浆细胞和白细胞以及较多的小血管。

（3）输入淋巴管从凹陷处进入中央区，形成淋巴窦，穿行周围组织，在被膜下淋巴窦汇集成多条输出淋巴管，分别在多处穿过被膜离开淋巴结。

高倍镜观察：高倍镜下具体每一部分结构与犬淋巴结相似。

3. 猪脾脏（porcine spleen）

肉眼观察：切片一侧染成粉红色的结构为被膜，被膜内侧的部分为脾实质，在实质中可见散在染成深蓝色的圆形或椭圆形小体，即为白髓（white pulp），其余部分是红髓（red pulp）和小梁。

低倍镜观察：脾脏由被膜（capsule）、白髓、边缘区（marginal zone）和红髓组成。

二维码 9.4
猪脾低倍镜

（1）被膜和小梁（capsule and trabecula）。脾的被膜较厚，表面有间皮被覆，内有丰富的平滑肌纤维和弹性纤维，纤维交织成网。被膜向脾的实质——脾髓发出许多富含平滑肌的小梁，形成淋巴组织的支架。

（2）脾实质（spleen parenchyma）。分布在被膜内、小梁支架间的淋巴组织，可区分为白髓、红髓及二者之间的边缘区三部分。

白髓（white pulp）为沿着血管分布的含有密集淋巴细胞的淋巴组织，它可区分为动脉周围淋巴鞘和淋巴小结两部分。白髓中贯穿有 1~2 条中央动脉，周围有 2 层扁平的网状细胞环绕，处于白髓中的淋巴小结也称为脾小结（splenic nodule）。

边缘区（marginal zone）是在白髓周围扁平网状细胞外面的淋巴组织，较疏松，其中含有红细胞，但无脾窦，中央动脉的分支直接开口于此处。

红髓（red pulp）由脾索和脾窦组成。脾索为吻合成网状的淋巴组织索，主要由大量的 B 淋巴细胞组成。脾窦是分布在髓索之间的血窦。在一般切片上，因为血液被排除而闭合，故不易发现。在红髓里可看到分散的平滑肌细胞和由网状组织组成鞘动脉——椭球，一般为圆形或卵圆形，呈粉红色（注意与深红色的小梁横断面区分）。后者在猪脾脏中特别明显。

高倍镜观察：脾窦（splenic sinusoid）的窦壁衬的是长杆状的内皮细胞，称里细胞。它们沿着脾窦的长轴纵向排列，细胞之间留有缝隙，在扩张时可容许血细胞通过，在一般切片上，因为血液被排除而闭合，故不易发现。在特殊处理的切片上，可以看到开张的脾窦，这里可看到里细胞的横断面或纵切面，沿着脾窦边沿排列。

二维码 9.5
猪脾高倍镜

脾索（splenic cord）中除含有网状细胞和大量 B 淋巴细胞之外，还有许多巨噬细胞、浆细胞和各种血细胞。其中浆细胞结构很典型，与淋巴结髓窦中的浆细胞相似。

4. 猪扁桃体（porcine tonsil）

肉眼观察：肉眼观察发现黏膜表面有许多小孔状结构，其中软腭扁桃体位于口咽通道的尾部，在口腔部软腭的表面呈对称分布，软腭扁桃体是猪的 5 个扁桃体中最大的一个。

低倍镜观察：软腭扁桃体的上皮为复层鳞状上皮，上皮向黏膜内凹陷形成众多隐窝。会厌两侧扁桃体上皮也为复层鳞状上皮，咽扁桃体的上皮为复层上皮，咽鼓管扁桃体与咽扁桃体的上皮同型，为复层上皮，细胞层数少，细胞间隙较大。隐窝盲端伸入扁桃体形成许多分支，隐窝上皮以及上皮下的固有结缔组织中有很多淋巴细胞。

高倍镜观察：扁桃体的实质部分主要由淋巴小结以及小结间的弥散淋巴组织构成。弥散淋巴组织以网状纤维作为骨架，内部充满淋巴细胞。淋巴小结主要沿上皮下、实质内以及外周的胶原纤维分布。淋巴小结间弥散淋巴组织中含有大量淋巴细胞。

5. 犬淋巴结（canine lymph node）

肉眼观察：淋巴结切片，整个外形呈豆形，一侧凹陷处为门部，其表面为薄层红色的被膜，被膜下浅层为蓝紫色的皮质，中央较淡色区域为髓质。

低倍镜观察：淋巴结被膜为薄层致密结缔组织，它伸入实质形成小梁，构成淋巴结的结缔组织性支架，在支架之间分布着由网状组织和淋巴细胞构成的淋巴组织。

二维码 9.6
犬淋巴结低倍镜

（1）皮质（cortex）位于淋巴结的外周部分，可区分为淋巴小结、副皮质区、皮质淋巴窦三个部分。

淋巴小结（lymphoid nodule）是由密集的淋巴组织组成的圆形结构，中央常见有淡染的区域，称生发中心，其中的细胞显示有分裂相。生发中心又可区分为暗区和明区两部分。暗区一般在近髓质一侧，主要由较幼稚的淋巴细胞组成，细胞质嗜碱性较强。明区在淋巴小结中央，主要为渐趋成熟的中小淋巴细胞。成熟的小淋巴细胞向被膜方向推移，在淋巴小结的表面的一侧形成了一个帽形结构，称帽区，它的位置往往对着被膜下或小梁旁的淋巴窦。淋巴小结是 B 淋巴细胞居留和分裂分化的区域。

副皮质区（paracortex zone）是分布在淋巴小结、淋巴窦和髓质之间的弥散性淋巴组织，是 T 淋巴细胞居留和分裂分化的区域。其中分布有许多毛细血管后微静脉，它是淋巴细胞再循环时血液中淋巴细胞重返淋巴结的通道。

皮质淋巴窦（corticol sinus）分布在被膜下方，小梁与淋巴小结之间，为彼此沟通的形状不规则的腔隙。腔隙中有许多网状细胞分布，还可见到少量淋巴细胞、巨噬细胞。淋巴窦的窦壁细胞是扁平的内皮细胞。

（2）髓质（medulla）由髓索（medullary cord）和髓窦（medullary sinus）组成。

髓索（medullary cord）是索状的淋巴组织，彼此吻合成网，与副皮质区相连续，髓索中分布有 B 淋巴细胞和浆细胞。

髓窦（medullary sinus）穿行于髓索与小梁之间，接受来自皮质淋巴窦的淋巴，并将其输出淋巴管。

高倍镜观察：重点观察髓窦的结构。窦壁由扁平的内皮细胞围成，窦内有大量有突起的星形网状细胞、游走的淋巴细胞、浆细胞和巨噬细胞。网状细胞的突起互相交织成网，细胞核呈卵圆形，染色较淡；浆细胞呈圆形或卵圆形，细胞核呈圆形，大多偏位，染色质呈车轮状排列；巨噬细胞呈圆形或多边形，细胞质

二维码 9.7
犬淋巴结高倍镜

呈弱嗜酸性。

6. 牦牛脾脏(yak spleen)

(1)被膜和小梁(capsule and trabecula)。牦牛脾脏被膜较厚,分为明显的2层:外层表面覆有间皮,为扁平细胞;内层较厚,主要由相互垂直的2层平滑肌和丰富的弹性纤维构成。牦牛小梁十分发达,分为2种:一种是较大的平滑肌性小梁,即初级小梁,由被膜内的平滑肌层向脾实质内延伸形成的小梁,含有丰富的弹性纤维;另一种是较小的平滑肌性小梁,即次级小梁,由初级小梁分支而形成,此小梁十分丰富,交织成网状,遍布整个红髓,构成红髓的主要支架。

(2)白髓(white pulp)。牦牛脾小结数量较多,其生发中心呈椭圆形,淡染。脾小结外周的网状纤维多于生发中心,网状纤维构成支架。

(3)边缘区(marginal zone)。边缘区较发达,含有T细胞和B细胞,以B细胞为主。

(4)红髓(red pulp)。牦牛脾索发达,淋巴细胞分布密集并连接成条索状,互相连接成网。脾窦呈长管状或不规则状。窦内含有大量血细胞,外侧有大量巨噬细胞。

7. 兔淋巴结(rabbit lymph node)

7日龄前,兔淋巴结的皮质区仅有一薄层弥散性淋巴组织构成,小梁和皮质淋巴窦不明显。15日龄时,在皮质部分区域出现小结样结构,未见生发中心。30日龄时,淋巴小结发育成外界清晰的圆形体,有一小的生发中心。60日龄时,最大的淋巴小结直径达435 μm,生发中心直径达170 μm。此后的发育趋于平稳。淋巴结的髓质在15日龄前特别疏松,含结缔组织较多,淋巴细胞稀少。30日龄时,髓质内淋巴细胞剧增,出现致密的淋巴细胞团块,呈豆形、哑铃形等,可见少量浆细胞,髓质淋巴窦和血管丰富而且发达。60日龄时可见髓索吻合,形成环状、网状,浆细胞增多。

8. 兔脾脏(rabbit spleen)

1日龄时,兔脾白髓细小,仅由中央动脉周围淋巴鞘构成,红髓内含大量血细胞,有些红细胞含有核。还见有少量巨核细胞,细胞质呈浅粉色。脾索与脾窦很难区分。30日龄时,白髓内出现脾小体,脾索与脾窦易于分辨,有核红细胞明显减少,出现少量浆细胞。60日龄时,可见淋巴小结融合现象。

二维码9.8
兔脾

(二)禽类动物免疫器官组织学结构特点

家禽体内淋巴器官主要有胸腺、腔上囊和脾等。此外,家禽黏膜组织内普遍存在淋巴组织,如鼻黏膜相关淋巴组织。

1. 家禽腔上囊（poultry cloacal bursa）

低倍镜观察：腔上囊结构以低倍镜观察为主。腔上囊由黏膜、黏膜下层、肌层和外膜构成。整个黏膜形成12～14条纵行皱褶。

高倍镜观察：黏膜（mucous membrane）上皮一般为假复层柱状上皮。固有层（lamina propria）由较疏松的结缔组织构成，其中含大量的淋巴小结，它们排列紧密，呈多面形。这种淋巴小结比较特殊，由深色的皮质和淡色的髓质组成，称之为史丹纽氏滤泡，皮质和髓质中的细胞成分与胸腺相似。在皮质和髓质交界处有一层未分化的上皮细胞，在滤泡靠近黏膜上皮的地方，髓质穿过皮质与略微凹陷的黏膜上皮毗连，此处的假复层上皮基底细胞与皮、髓质之间的未分化细胞相连续。因此，整个黏膜上皮分成滤泡上皮和滤泡间上皮两部分。

二维码9.9
腔上囊低倍镜

二维码9.10
腔上囊高倍镜

黏膜下层（submucosa）由疏松结缔组织组成，参与形成黏膜皱褶，构成皱褶中央的小梁。肌层由2层平滑肌组成，内层纵行，外层环行，有时两层均为斜形。外膜为浆膜。

2. 鸡胸腺（chicken thymus）

低倍镜观察：鸡胸腺由被膜、皮质和髓质组成。

高倍镜观察：被膜（capsule）是位于胸腺表面的薄层结缔组织。被膜结缔组织伸入内部，将实质分成许多不完整的小叶——胸腺小叶（thymic lobule）。每个小叶都由外围着色较深的皮质部和中央着色较淡的髓质部组成。

二维码9.11
鸡胸腺

皮质和髓质的结构与家畜很像，但像家畜那样典型的胸腺小体在鸡胸腺中不常见。除此之外，髓质中还可见有肌样细胞和浆细胞，肌样细胞呈圆形或卵圆形，胞质为强嗜伊红性。

3. 鸡脾脏（chicken spleen）

低倍镜观察：鸡脾脏外也被覆有一层结缔组织被膜，但被膜深入实质内形成的小梁不如家畜的发达。脾髓也可分为白髓和红髓两个部分，但二者的分界不如家畜的明显。与家畜的脾脏相比，鸡脾淋巴组织环绕血管的范围更为广泛。鸡脾淋巴组织不仅环绕在中央动脉周围，而且部分围绕在笔毛动脉周围，甚至在椭球的外面也可见有弥散性淋巴组织。

二维码9.12
鸡脾

4. 鸭鼻黏膜相关淋巴组织（duck nasal-associated lymphoid tissue）

鸭鼻腔前部的上皮为复层扁平上皮，35日龄和60日龄鸭的前鼻甲复层扁平上皮下弥散分布有少量的淋巴滤泡,其周围有大量的毛细血管后微静脉。在鼻腔中部处黏膜上皮完全过渡为假复层柱状纤毛上皮,杯状细胞和其构成的分泌腺数量明显增多,弥散淋巴组织呈随机分布,主要为Ⅰ型淋巴滤泡,但出现由扁平上皮构成的滤泡相关上皮。在中鼻甲内、外侧面的固有层和黏膜下层中均分布弥散的淋巴组织,主要为Ⅰ型淋巴滤泡,还有大量的小动脉、小静脉、毛细血管后微静脉和小淋巴管。在鼻中隔下端两侧分布有一对位置固定的淋巴组织,其滤泡相关上皮为单层纤毛细胞;在鼻后口两侧的鼻腔底壁上同样分布有大量位置固定的淋巴组织,其滤泡相关上皮主要为无纤毛细胞,这两处淋巴组织便是鸭鼻黏膜相关淋巴组织。

（三）鱼类动物免疫器官组织学结构特点

与哺乳动物不同,鱼的主要免疫器官是头肾和胸腺,鱼的脾脏尽管含有较多的淋巴组织,但远不如哺乳动物的发达。

1. **鲤鱼头肾**（cyprinoid head kidney）

低倍镜观察:鲤鱼头肾的表面覆盖有一薄层结缔组织被膜。实质可分为中央区和外周区。

高倍镜观察:中央区的淋巴组织排列成索状,环绕血管呈放射状分布,细胞索之间由血窦隔开;外周区则以淋巴组织排列密集的弥散性淋巴组织为特征,其中主要细胞成分有各种大小的淋巴细胞、嗜派诺宁细胞、血细胞、巨噬细胞和未明了的颗粒细胞。在头肾实质中尚可见黑色素巨噬细胞中心、前肾间组织以及大小不等的甲状腺滤泡。

2. **鲤鱼胸腺**（cyprinoid thymus）

低倍镜观察:胸腺的表面覆盖有一薄层结缔组织被膜,被膜深入实质内,形成不很明显的小叶和小梁。实质可分为皮质和髓质两个部分。有的区域中,皮质在外,髓质在内,有的区域皮质仅部分地包围着髓质,有的区域还可见髓质包绕皮质。皮质主要由密集排列的淋巴细胞组成,上皮网状细胞构成的支架不易观察到,此外还可见到黏液细胞、嗜酸性类肌细胞和巨噬细胞。髓质中上皮性网状细胞数量较多,淋巴细胞较少。髓质中除了较多的黏液细胞和巨噬细胞外,还可见到许多嗜酸性胸腺小体。

高倍镜观察:嗜酸性类肌细胞胞质内存在大量的肌原纤维,肌原纤维由粗肌丝和细肌丝组成,具有典型的周期性横纹结构。肌浆网膜系统穿行于肌原纤维束之间,常与 Z 线相对。黏液细胞呈圆形,胞质内充满电子致密度很低的黏原颗粒,细胞核很小,呈扁平形,与少量的胞质被挤于细胞的一侧。

三、示范切片

1. 牛血淋巴结(bovine hemolymph node)

血淋巴结的结构与淋巴结和脾脏都有相似之处,由于分布在血液循环通路上,所以血淋巴结的结构更接近脾脏。血淋巴结实质中淋巴组织排列成索状,有的区域组成淋巴小结,淋巴组织之间有大量血窦。

2. 兔脾(rabbit spleen)

与猪脾相比,兔的脾窦较为宽大。

3. 淋巴结(lymph node)(网状纤维染色)

网状纤维呈黑色,除了淋巴小结外,其他部位均分布有较多的网状纤维,淋巴细胞和其他细胞均染成粉红色。

四、电镜照片

1. 血-胸腺屏障(blood-thymus barrier)

血-胸腺屏障是指皮质的毛细血管与周围组织具有屏障的作用。该屏障可阻止血液内抗原物质进入胸腺皮质,从而保证了胸腺细胞在相对稳定的微环境中发育。其主要由毛细血管内皮及内皮基膜、巨噬细胞、上皮性网状细胞及其基膜组成。

2. 脾血窦(splenic sinusoid)

脾血窦为互相连接成网的静脉性血窦,形状不规则,窦壁由一层杆状的内皮细胞纵向排列而成,细胞之间有明显的间隙。窦壁由杆状内皮组成,其中红细胞正在穿过窦壁。

3. 巨噬细胞(macrophage)

巨噬细胞参与非特异性防卫(先天性免疫)和特异性防卫(细胞免疫)。胞质内主要有较多溶酶体,还有一些线粒体、高尔基复合体和吞饮小泡。

4. 淋巴细胞(lymphocyte)

淋巴细胞由淋巴器官产生,是机体免疫应答功能的重要细胞成分。胞质中有大量游离核糖体和少量嗜天青颗粒。

5. 浆细胞(plasma cell)

浆细胞又称效应 B 细胞,具有合成、贮存抗体即免疫球蛋白(immunoglobulin)的功能,参与体液免疫反应。细胞较小,核圆,偏于细胞一侧。在靠近核处,有一着色浅的区域。近细胞核处有一色较浅而透明的区域。电镜下可见细胞质内含大量密集的粗面内质网,浅染区是高尔基复合体所在的部位。浆细胞来源于 B 细胞。

五、作业和思考题

(1)绘制低倍镜下淋巴结和脾的组织学结构图。
(2)绘制高倍镜下胸腺皮质区的组织学结构图。
(3)作为中枢淋巴器官,胸腺与脾脏和淋巴结在组织结构上有何不同?
(4)脾脏和淋巴结都是外周淋巴器官,其组织结构有何特点及不同?

南京农业大学　杨　倩　庚庆华

第十章　内分泌系统
(Endocrine System)

一、实验目的和要求

（1）掌握脑垂体（pituitary）和肾上腺（adrenal gland）的组织结构。

（2）了解甲状腺（thyroid gland）的组织结构。

（3）掌握鱼脑垂体和尾垂体（urohypophysis）的组织学特点。（淡水养殖专业）

二、切片观察方法及要点

（一）家畜动物内分泌器官组织学结构特点

1. **牛脑垂体（bovine pituitary）**

低倍镜观察：标本中着色深的部分是垂体前叶，着色浅的部分是垂体后叶，两者之间是中间部，有些标本可见突出部分为垂体柄。垂体前叶（远侧部）可见有密集的细胞团或索，其间夹有丰富的血窦及少量结缔组织。后叶（神经部）染色最浅，可见很多纤维和细胞核。中间部位于前、后叶之间，它们之间的腔隙为垂体裂。

二维码 10.1
牛脑垂体

高倍镜观察：在高倍镜下进一步观察垂体前叶的结构，嗜酸性细胞体积较大，细胞呈圆形或卵圆形，细胞界限清楚，胞浆有嗜酸性颗粒，着色为红色，细胞核位于细胞的中央。其中包括分泌生长激素和催乳激素的两种细胞。嗜碱性细胞在细胞形态上与嗜酸性细胞差不多，染色呈灰蓝色或紫蓝色。嗜碱性细胞数量少，胞体比嗜酸性细胞稍大，核常偏于细胞的一侧，胞质染成蓝紫色。嫌色细胞数量多，细胞体积最小，呈圆形或多边形，胞质内不含明显的颗粒，着色很淡，胞核多形态，淡染。

2. **牛甲状腺（bovine thyroid gland）**

低倍镜观察：甲状腺外面有一层薄的致密结缔组织被膜，内含许多胶原纤维和弹性纤维。结缔组织伸入腺体内,将其分成许多腺小叶。牛甲状腺的被膜和小梁较厚,小叶的分界明显。血管、淋巴管和神经穿过被膜壁伸入甲状腺实质。实质由甲状腺滤泡和滤泡间细胞组成。滤泡围以基膜和稀疏的结缔组织以及丰富的毛细血管和毛细淋巴管。

高倍镜观察:滤泡由单层立方上皮构成,内含胶状物质。当功能不活跃时,细胞呈低立方形或扁平状,滤泡内胶状物质多而浓稠;当功能活跃时,细胞变高,呈立方形或柱状,细胞核位于基部,滤泡内胶状物质较少。

3. 猪肾上腺(porcine adrenal gland)

低倍镜观察:肾上腺横切面可见周围染色较红,为皮质,中央染色较浅,为髓质。肾上腺的被膜由不规则的致密结缔组织构成,偶见少量平滑肌纤维。从被膜发出薄的小梁穿入皮质,但很少进入髓质。在被膜内常有类似皮质的细胞团块和毛细淋巴管。被膜下的皮质可分为多形区、束状区和网状区。网状区内为浅黄色的髓质。

二维码 10.2
猪肾上腺皮质

高倍镜观察:多形区位于被膜下方,不同种类的动物这个区域细胞排列不一样,牛和羊为球状区,猪和马为弓形区,细胞形态为多边形,核为圆形或椭圆形。束状区细胞排列成索状,位于皮质中部,占皮质的大部分。细胞索的细胞为多边形或立方形,细胞质含有许多脂肪小颗粒,制片时由于脂肪滴溶解成为许多空泡,尤以束状区的外侧为多,索与索之间有丰富的毛细血管,为血窦。

二维码 10.3
猪肾上腺髓质

网状区靠近髓质,细胞索交错成网状,网眼间有较大的窦状隙,网状区与髓质交界参差不齐,细胞质中脂肪滴含量较少。最后用高倍镜观察髓质部,它位于肾上腺中央,由较大的多边形细胞组成网索状,染色很淡,胞质含有嗜铬颗粒,索与索之间具有丰富的血窦。髓质中央有一粗大的中央静脉。

(二)家禽动物内分泌器官组织学结构特点

禽类动物内分泌器官结构特点同家畜相似,具体结构特点如下。

1. 鸡甲状腺(chicken thyroid gland)

低倍镜观察:甲状腺表面覆盖薄层结缔组织被膜,在神经与血管出入处增厚。鸡的甲状腺不分叶,没有明显的小叶间结缔组织。滤泡间存在少量结缔组织、弥散性淋巴组织。

高倍镜观察:甲状腺实质充满了由单层滤泡上皮细胞围成的大小不同的滤泡。滤泡上皮细胞的形态因甲状腺的功能状态不同而变化。当甲状腺功能活跃时,滤泡腔内的胶状物质减少,滤泡细胞为立方形;当甲状腺处于静止状态时,滤泡腔内充满胶状物质,滤泡细胞呈扁平形。

2. 鸡肾上腺(chicken adrenal gland)

低倍镜观察:肾上腺表面覆盖有结缔组织被膜,其中含有许多血管和神经。被膜的结缔组织伸入腺体内部形成细致支架,主要由胶原纤维和网状纤维组成,内含大量毛细血管或静脉窦。肾上腺的实质并不明显地分为皮质和髓质,而是由肾间组织(相当于皮质)和嗜铬组织(相当于髓质)交错混合分布。

二维码 10.4
鸡肾上腺

高倍镜观察:肾间组织由嗜伊红性柱状细胞组成。细胞核呈球形,偏位于细胞远离静脉窦的一端,细胞质内含有许多颗粒和脂滴。肾间组织的细胞排列成索状,其纵断面由 2 列细胞组成,而横断面呈辐射状,没有明显的分区。嗜铬组织的细胞呈嗜碱性,多边形,体积较大,球形细胞核位于细胞的中央,细胞组成不规则的细胞团块,分布在肾间细胞索之间。

(三)鱼类动物内分泌器官组织学结构特点

1. 大鲵垂体(megalobatrachus pituitary)(Azan 染色)

大鲵腺垂体的结构与哺乳动物相似,神经叶分化出神经部。大鲵垂体的神经叶处于初步分化的原始状态,神经垂体向尾侧稍有扩展,位于吻部背侧,神经叶仅为后壁向尾部的微小扩展。结节部在腺垂体吻侧下方,仅占极小的区域。中间部位于远侧部背面、神经垂体的尾侧。在 Azan 切片上,垂体细胞的胞质着色很浅或不着色,胞核呈红色或棕红色,圆形或椭圆形。

2. 真骨鱼垂体(teleostean pituitary)

鱼类垂体也分为神经垂体和腺垂体两大部分。但在板鳃类的垂体还有腹叶,它通过小柄与腺垂体腹部相连。前腺垂体主要含有催乳激素细胞和促肾上腺皮质激素细胞。真骨鱼前腺垂体均呈嗜酸性,细胞排列较多样化,有滤泡状、索状、围绕毛细血管成管状和紧密排列成铺路石状。中腺垂体主要含有促甲状腺激素细胞、生长激素细胞、促性腺激素细胞和嫌色细胞。板鳃类的中腺垂体的细胞排列成羽状,其中许多毛细血管分布,嗜碱性细胞则分布在嗜酸性细胞和垂体腔之间,嫌色细胞夹于两种细胞之间。后腺垂体含有一些黑素细胞刺激素细胞。细胞排列紧密,由结缔组织将腺细胞分隔成许多小叶。细胞一般呈多角形,紧密排列成团,其中混有少量嫌色细胞。

3. 鲤鱼尾垂体(cyprinoid urohypophysis)

鲤鱼尾垂体位于脊柱最后一节腹面,与脑垂体神经部相似,但除含来自脊髓的神经细胞的突起、神经胶质细胞外,还含有神经细胞。神经细胞大小不等,包括多角形的神经分泌细胞和巨大的神经分泌细胞。神经胶质细胞很小,在尾垂体各处分布。尾垂体中毛细血管分布较多。

4. 鲤鱼后肾间组织（cyprinoid metanephric mesenchyma）

鲤鱼后肾间组织即肾上腺,又称斯坦尼斯小球,位于中肾（mesonephros）背侧,外被结缔组织构成的被膜,结缔组织伸入内部将腺组织分成小叶,并最终将其围成泡囊。泡囊细胞呈锥形,核大,细胞质中含分泌颗粒,颗粒排出后细胞质中出现空泡,有些泡囊中还有泡心细胞。随季节或机能不同,泡囊可呈现不同形态。生长时期泡囊小,泡囊间结缔组织厚,分泌时期细胞大而饱满,萎缩时期呈虫蛀蚀状。

三、作业和思考题

（1）联系甲状腺的结构,说明甲状腺激素的形成过程。

（2）肾上腺皮质和髓质的结构怎样? 分泌什么激素? 功能如何?

（3）垂体可分为几部分? 远侧部和神经部的组织结构及功能如何?

湖南农业大学　王水莲

南京农业大学　黄国庆（淡水鱼部分）

第十一章　被皮系统(Skin System)

一、实验目的和要求

(1)了解皮肤的结构。

(2)掌握皮肤衍生物的结构。

二、切片观察方法及要点

1. 猪被皮系统组织学结构特点

皮肤分为表皮(epidermis)、真皮(dermis)和皮下组织(hypodermis)3 层结构。

(1)表皮(epidermis)是皮肤最表面的很薄的一层,在切片上是一层较深的复层扁平上皮,覆盖在整个皮肤的表面,表皮与真皮的连接呈犬牙状。表皮的表面染色浅,细胞形态不清,经常脱落;表皮深层细胞染色深,细胞分裂能力强,能补充表面脱落的细胞。表皮由内向外依次分为基底层、棘层、颗粒层、透明层和角质层。

二维码 11.1
猪被皮

基底层(stratum basale)又名生发层,位于皮肤的最深层,由多层细胞构成。细胞呈矮柱状或立方形,最深的一层细胞呈低柱状,向上细胞变成多面形,胞核由深部的圆形或卵圆形向上逐渐变为扁平形。胞质较少,为嗜碱性染色。

棘层(stratum spinosum)位于基底层的外层,由 2～4 层多边形细胞组成,也有分裂增生的能力。细胞核为球状或卵圆形,位于细胞中央,有明显的核仁。

颗粒层(stratum granulosum)位于棘层的表层,表皮薄的地方这层较薄或不连续。由 2～4 层梭形细胞构成,细胞长轴平行于皮肤表面,胞核深染、固缩,胞质内出现透明角质颗粒,颗粒多时几乎布满整个细胞体,苏木精染色为深蓝色,颗粒层因此得名。

透明层(stratum lucidum)在光镜下均质无结构,呈嗜酸性,切片下呈波形带状弯曲,有强的反光力,故称透明层,实际上是由几层扁平无核的细胞组成。

角质层(stratum corneum)位于表皮的浅层,由多层扁平的角质细胞叠积而成,胞核消失,胞质内有很多 6～8 nm 的微丝浸没在致密的无定形基质中。质膜变形,已失去单位膜的特点。

(2)真皮层(dermis)由含有胶原纤维为主的纤维结缔组织构成。上层为乳头层,染色浅红,内有毛及毛囊、皮脂腺、汗腺和竖毛肌等,下层由较粗的结缔组织交叉排列构成,称为网状层,染色较红。

(3)皮下组织(hypodermis)位于皮肤最深层,由疏松结缔组织构成,内含大量的脂肪细胞,在皮下组织和真皮深层内可见到成群的腺管断面,即汗腺断面。

2. **牛被皮系统及附属物组织学结构特点**

低倍镜观察:(1)毛及毛囊(hair and hair follicle)。在皮肤切片内可见不同切面的毛根或毛囊,毛囊斜插入真皮内,有时几个毛囊在同一个上皮凹陷处,或几根毛干同时伸出毛囊外。毛囊是表皮的延续部分,毛根底部染色较深稍膨大的部分为毛球,毛球末端有毛乳头。有些毛囊中出现空腔,这是毛根脱落的缘

二维码 11.2
牛被皮

故。毛位于中央,染成黄色或紫红色,毛囊包在毛的外面,染色较深。在毛囊和表皮呈钝角的一侧,可见有平滑肌,连于毛囊和表皮之间,为竖毛肌。竖毛肌呈片状或束状,染成红色,位于毛根的倾斜侧,终止于真皮上部。

(2)汗腺(sweat gland)。位于真皮和皮下组织内,为单管状腺,导管与毛囊平行上行,开口于毛囊内,汗腺末端盘曲成团,分泌腔明显,腺细胞为低柱状。

(3)皮脂腺(sebaceous gland)。位于毛旁,由许多脂腺细胞构成,单泡或分叶状,常介于竖毛肌和毛囊之间,以短导管开口于毛囊内,少数地方无毛,导管直接开口于皮肤表面。腺体细胞呈圆形或多角形,腺体中无分泌腔,染色较浅,分泌物为皮脂。由于制片原因皮脂溶解而出现小空泡。皮脂分泌后细胞死亡,周围的新细胞不断补充。

(4)乳腺(mammary gland)。静止期乳腺被致密的结缔组织分为若干小叶,小叶内主要为小导管和极少量的乳腺腺泡,小叶之间有较大的导管和脂肪组织。活动期的乳腺中,分隔小叶的结缔组织很少,小叶内以乳腺腺泡为主,乳腺腺泡均处于分泌状态,故腺腔内有大量红染的乳汁,小叶间可见有较大的导管。

二维码 11.3
羊被皮

高倍镜观察:(1)毛及毛囊(hair and hair follicle)。毛的中轴称为髓质,由一至数行疏松排列的扁平或立方角质化细胞构

成。髓质的周围是皮质，由数层多边形或梭形角质化细胞构成。细胞顺着毛的长轴紧密排列。毛的最外层毛小皮，由一层扁平的角质化细胞构成。细胞排列成覆瓦状，其游离缘向上，呈锯齿状。毛囊分为根鞘和玻璃膜。根鞘由表皮转化而来，分为内根鞘和外根鞘，前者相当于表皮的角化层，后者相当于表皮有分裂活动能力的基层和棘层。玻璃膜均质透明，嗜酸性，相当于表皮下的基膜，但比后者明显。

（2）汗腺（sweat gland）。分为分泌部和导管部。分泌部呈管状，导管不分支，分泌部直接延续为导管，分泌部和一段导管盘曲成团，位于真皮与皮下组织的接界处或下 1/3 的真皮中。导管上升穿过真皮和表皮开口于体表。分泌部主要由单层立方或柱状上皮围成。导管上皮与分泌上皮分界明显。导管分为 2 段，真皮内的一段蜿蜒上行，由 2 层上皮细胞衬成。细胞小，呈立方形，嗜碱性，染色深。

（3）皮脂腺（sebaceous gland）。皮脂腺导管由复层鳞状上皮组成，一般过渡到毛囊壁上。分泌部由复层腺上皮围成，近导管处才有腺腔。腺上皮的基层细胞立方形，强嗜碱性，一般不含有脂滴，核圆，相当于表皮的生发层细胞，越向浅层细胞越趋于皮脂性分化。最后胞核消失，细胞界限不清，细胞全部变成脂肪。

（4）乳腺（mammary gland）。静止期乳腺中，乳腺腺泡极少，常无腺泡腔，腺细胞排列成团状或索状。小导管的管壁由单层至复层上皮被覆，小叶间的导管均由复层上皮被覆。小叶内及小叶间的结缔组织中可见较多的小血管。活动期乳腺中，重点要观察乳腺腺泡。乳腺腺泡由单层柱状上皮细胞组成，其特点是细胞的高矮因处于不同的分泌状态而不一致，细胞表面（靠腺腔的一面）不平整，因它的分泌方式为顶浆分泌，即细胞顶部脱落成为分泌物。

三、作业和思考题

（1）表皮不断角质化脱落，为什么能得到补充？

（2）日常所用的皮革是由皮肤的哪一层鞣制而成？为什么？

湖南农业大学　王水莲

第十二章　消化管(Digestive Tract)

一、实验目的和要求

(1)掌握家畜主要消化器官胃(stomach)和小肠(small intestine)的结构特点。

(2)在高倍镜下分辨出胃底腺(fundic gland)、主细胞(chief cell)、壁细胞(parietal cell)和颈黏液细胞(neck mucous cell)。

(3)掌握家禽消化管(digestive tract)的结构特点。

(4)掌握鱼小肠的组织学特点。(淡水养殖专业)

二、切片观察方法及要点

(一)家畜动物消化管组织学结构特点

1. 猪食管(porcine esophagus)

低倍镜观察:食管的管腔呈不规则的狭缝,腔面为紫蓝色的上皮,上皮以下浅红色的部分为黏膜下层(submucosa),再下面为染色较红的肌层(muscularis),外膜(adventitia)位于肌层外。

二维码 12.1
猪食管

高倍镜观察:(1)黏膜层(mucosa)。复层鳞状上皮表面细胞有时脱落,上皮中有染色浅淡的圆形或不规则形的管状结构,是食管腺的横切所成。固有层(lamina propria)为疏松结缔组织,有血管和导管,应注意区别。黏膜肌层(muscularis mucosa)为纵行平滑肌,很发达,随皱襞(plica)而起伏。

(2)黏膜下层(submucosa)。分布有血管、导管和食管腺泡。

(3)肌层(muscularis)。包括内环行与外纵行,注意为何种类型肌肉所组成,并据此判断属于食管的哪一段。

(4)外膜(adventitia)。为厚薄不一的结缔组织所组成,有的地方较厚,可以看到有神经、血管及脂肪细胞等。

2. 猪胃(porcine stomach)

低倍镜观察:染紫色部分为黏膜层,红色部分为其他三层。黏膜层又可区分为上皮、固有层和黏膜肌层(muscularis mucosa)。

高倍镜观察:胃上皮为单层柱状细胞,胞核位于细胞近基底端,细胞游离端透明区似为黏原颗粒,在制片过程中未能予以保留。胃上皮下陷处为胃小凹。胃底腺(fundus gland)为单管状

二维码 12.2
猪胃底腺颈部

腺,几乎占满整个固有层,它们均开口于胃小凹,因切面关系不一定看到胃小凹的开口。胃底腺的体部和底部主要由锥形或低柱形的主细胞(chief cell)或胃酶细胞(zymogenic cell)构成。主细胞的胞质呈蓝色,核位于细胞基底部分。分布于胃底腺的体部和颈部的一些体积较大、圆形或多角形的细胞,胞质内充满红染颗粒,是壁细胞(parietal cell)。在胃底腺颈部的壁细胞之间还可见到分泌黏液的颈黏液细胞(mucous neck cell),此细胞边界不清,胞质染色淡,核染色深,扁平或三角形,位于细胞基底部。黏膜肌层为内环、外纵排列的平滑肌。

黏膜下层由疏松结缔组织构成,内有小动脉、小静脉及毛细血管。肌层较厚,可分 3 层,内斜行较不明显,在中环行与外纵行平滑肌之间可见到欧氏(Auerbach)肌间神经丛。此神经丛呈

二维码 12.3
猪胃底腺底部

不规则淡染区,内含较大的神经细胞及一些神经纤维。浆膜由间皮及其下的疏松结缔组织构成。

3. 猪幽门部(porcine pars pylorica)

肉眼观察:可见最内面紫蓝色的为黏膜层,黏膜形成皱褶,深部为黏膜下层与肌层,外膜不明显。

低倍镜观察:可见胃小凹较深,固有层中有黏液性幽门腺,肌层因切面缘故,与胃底切片肌层排列相反,浆膜已破损不全看不清。

4. 猪胃底腺(porcine fundic gland)(硝酸银染色)

低倍镜观察:低倍镜下结构不清,转入高倍镜观察。

高倍镜观察:在胃底腺黏液细胞之间夹有内分泌细胞。内分泌细胞内均含有嗜银性颗粒,颗粒一般位于基底。位于上方的内分泌细胞属开放型细胞,其游离面可伸达管腔。位于下方的内分泌细胞属闭合型细胞,其游离面不伸达管腔。

5. 猪十二指肠(porcine duodenum)

低倍镜观察：可见黏膜层和黏膜下层向管腔突出形成皱襞，黏膜表面有许多不规则的细小指状突起，形成小肠绒毛(villi)。黏膜层为紫蓝色。低倍镜下，移动切片，找绒毛较完整的区域观察。

二维码12.4

猪十二指肠

高倍镜观察：先找皱襞，皱襞表面密布的指状突起为绒毛。绒毛是由黏膜层向腔面突起形成的，形状很不规则，有横断、纵断不等，绒毛由上皮和固有层所组成。上皮单层柱状，其间夹有空泡状的杯状细胞。上皮细胞游离面可见有细微纹形染成红色发亮的一层，此即纹状缘。由于切面不正，有的上皮往往似复层形状。在绒毛中心，可找到中央乳糜管(central lacteal)，管壁由单层扁平细胞组成，常纵行于绒毛中央，其周围有毛细血管分布。固有层中尚有分散的平滑肌细胞，其长轴与绒毛一致。绒毛和绒毛间有肠腺开口。肠腺位于固有层中，有纵、斜、横各种断面，注意区别肠腺和绒毛在断面上的区别。黏膜肌层很薄。

黏膜下层主要由疏松结缔组织构成，内有十二指肠腺。肌层包括内环行、外纵行的平滑肌，注意寻找肌间神经丛，在内环、外纵行平滑肌之间。外膜为浆膜。

6. 犬空肠(canine jejunum)

低倍镜观察：可见黏膜表面向腔内也伸出许多小肠绒毛。肠腔内孤立的圆形结构为绒毛的横或斜断面。黏膜层及黏膜下层向腔内的突起为皱襞。

二维码12.5

犬空肠

高倍镜观察：空肠的上皮也为单层柱状上皮，沿上皮细胞游离缘有红色窄带状的纹状缘，用弱光观察可见纹状缘发亮。柱状上皮细胞之间夹有空泡状的杯状细胞，此细胞的核被挤成扁圆形，体积很小，染色深，位于基底部。固有层主要由结缔组织和小肠腺组成。在绒毛的固有层内有时可见中央乳糜管，其管腔大，不规则，被覆有内皮，沿中央乳糜管两侧有散在的平滑肌。固有层内有大量的小肠腺，多为横断面，有时可见到肠腺开口于绒毛之间。小肠腺主要由柱状细胞和杯状细胞构成。有时在固有层内可见孤立淋巴小结。

黏膜肌层为平滑肌，分内环、外纵两层。黏膜下层为结缔组织，内含有血管、黏膜下神经丛。如切到皱襞时可见黏膜下层突入皱襞内。肌层为内环、外纵两层平滑肌，肌层间可见肌间神经丛。外膜为浆膜。

7. 犬回肠(canine ileum)

低倍镜观察：黏膜表面向腔内有杵状突起的小肠绒毛(villi)。与十二指肠相比,绒毛的数量减少。单层柱状上皮细胞之间的杯状细胞数量明显增多。在固有层中分布有染成深蓝色的集合淋巴小结。有时淋巴小结深入至黏膜下层。

二维码 12.6
犬回肠

高倍镜观察:在小肠上皮和淋巴小结之间,散在分布有较多的淋巴细胞和浆细胞。有些淋巴细胞已渗透到黏膜上皮之间(上皮内淋巴细胞)。

8. 犬结肠(canine colon)

结肠无绒毛,肠腺发达,上皮内杯状细胞甚多。固有层内有时可见孤立淋巴小结。肠壁其他结构与小肠相似,外层纵肌加厚处为结肠带。

(二)家禽动物消化管组织学结构特点

禽类动物消化道结构特点同家畜相似。鸡和鸽的食管,进入胸腔之前,其腹侧形成一个薄壁的囊状膨大,称为嗉囊(ingluvies),为食物的暂时贮存和软化之处。鸭和鹅缺乏真正的嗉囊,仅在食管颈段形成一个纺锤形膨大。嗉囊的组织结构与食管相似。具体结构特点如下。

1. 鸡嗉囊(chicken ingluvies)

鸡的嗉囊为一薄壁的囊状结构,囊壁的组织结构与食管相似。黏膜皱襞在大弯处特别高,其他部分较低。固有层内富含淋巴组织,没有黏液腺,仅在其与食管衔接处分布有少量囊状黏液腺。肌层分为内环肌和外纵肌,有时可见到肌纤维排列成 3 层。纤维膜常与周围其他组织相连接,甚至与附近的皮肌长合在一起。鸭、鹅的所谓黏膜固有层内,分布有黏液腺。

2. 鸡腺胃(chicken glandular stomach)

二维码 12.7
鸡腺胃

腺胃黏膜表面分布有许多肉眼可见的圆形短宽的乳头,鸡的腺胃黏膜上有 30~40 个。乳头的中央有深层复管状腺的开口,开口周围是同心排列的皱襞和沟。乳头之间的皱襞和沟分布不规则。鸭、鹅的腺胃乳头数量多,体积小,肉眼也可看到。

腺胃上皮为单层柱状上皮,胞质微嗜碱性,能分泌黏液。上皮与固有层共同形成黏膜皱襞。固有层内含淋巴组织和大量的腺体。腺体包括两种,即浅层的单管状腺和深层的复管状腺。浅层单管状腺是由黏膜上皮下陷于固有层内形成的,很短,衬以单层立方或单层柱状上皮,开口于黏膜皱襞之间的沟内,分泌黏液。深层复管状腺也称前胃腺,体积大,分布于黏膜肌层的浅、深两层之间。深层复管状腺,呈圆形或椭圆形的小叶,小叶中央为集合窦,腺小管呈辐射状排列于周围。腺上皮细胞的形状与它们所处的功能状态有关,可以从立方形到高柱状。一般认为,细胞内贮存有大量分泌颗粒时,细胞呈立方形,当颗粒排空时则变为柱状。胞核呈圆形或卵圆形,其位置也依分泌活动不同而变化。胞质嗜酸性。分泌物进入腺小管腔,经集合窦由导管开口于黏膜乳头中央孔。家禽腺胃的深层复管状腺相当于家畜的胃底腺,但腺细胞兼有分泌盐酸和胃蛋白酶的功能,而家畜则分别由壁细胞和主细胞分泌。

黏膜肌层由 2 层纵行的平滑肌构成,被深层复管状腺分隔成浅、深两层。浅层较薄,分布在浅层单管状腺下面;深层较厚,分布在深层复管状腺下方,并有肌束分布到深层复管状腺小叶之间。此外,黏膜下层不显著,有的部分缺如。肌层较薄,由稍厚的内环肌和非常薄的外纵肌组成。外膜为浆膜。

3. 鸡肌胃(chicken muscularis stomach)

黏膜表面为一层厚而富有皱襞的类角质膜所覆盖。类角质膜(koilin)中药称鸡内金,由肌胃腺的分泌物、黏膜上皮分泌物和脱落上皮共同在酸性环境中黏合在一起硬化后而形成,新鲜时厚约 1 mm。类角质膜有保护黏膜的作用,它对蛋白酶、稀酸、稀碱和有机溶剂都有抗性。类角质膜表面不断磨损,而由深部新形成的类角质膜推向表层,并逐渐变得更加坚韧。

肌胃上皮为单层柱状上皮。上皮表面形成许多漏斗形的隐窝,隐窝底为肌胃腺的开口处。固有层由结缔组织构成,其中有肌胃腺。肌胃腺又称砂囊腺,为单管状腺。10～30 个单管状腺组成一簇,共同开口于隐窝的底部。肌胃腺上皮为单层低柱状,胞核球形,位于细胞基底部,胞质嗜碱性,其中含有许多细小的颗粒。腺腔狭小并充满液态分泌物。这些分泌物经隐窝流出,铺展于先前分泌的而且业已变硬的类角质膜下方的黏膜上皮表面。肌胃腔内的盐酸遍及类角质膜,使分泌物的 pH 降低而硬化,从而形成新的类角质膜,以补充表面被磨损的部分。腺体底部的细胞有分裂能力,由它分裂的细胞逐渐推移变成隐窝上皮和黏膜上皮。肌胃没有黏膜肌层。

黏膜下层很薄,由较致密的结缔组织构成,其中含有较多的胶原纤维和一些弹性纤维以及血管和神经。有些肌胃腺的底部可延伸到黏膜下层内。

肌胃的肌层很发达,全部由环行平滑肌组成,呈暗红色。肌层由 2 块强大的侧肌和 2 块较薄的中间肌组成,连接四肌的腱组织,在肌胃两侧形成中央腱膜,称腱镜。背侧肌和腹侧肌的肌纤维排列比中间肌致密。在腱镜的中央部分无肌层存在,因此黏膜下层直接与腱组织连接。

4. 鸡小肠(chicken small intestine)

小肠黏膜有许多皱襞,十二指肠起始段的黏膜有永久性环行皱襞。小肠黏膜形成许多绒毛,由黏膜上皮和固有层向肠腔

二维码 12.8

鸡小肠

突出而成。由于皱襞和绒毛的存在，大大增加了小肠的吸收面积。上皮为单层柱状上皮，柱状细胞之间夹有杯状细胞和内分泌细胞。柱状细胞游离面有明显的纹状缘，内分泌细胞在十二指肠前段高度集中。固有层由结缔组织构成，其中含有较多的细胞成分及血管、神经和肠腺。有时还有弥散性淋巴组织，在局部甚至还可见到孤立淋巴小结和集合淋巴小结。肠腺较短，为单管状腺，开口于绒毛的基部。肠腺上皮为单层柱状上皮，腺体上段有杯状细胞，内分泌细胞分布于腺体的顶端。十二指肠的绒毛最长，长约 1.5 mm，并有分支现象。向后绒毛逐渐变短，分支也少。鸭的绒毛比鸡的短。禽类绒毛的最大特点是绒毛轴内没有中央乳糜管，只有毛细血管网和平滑肌纤维。黏膜上皮所吸收的甘油酯和脂肪酸等被重新合成乳糜微粒后，入肝门脉循环。

黏膜肌层由内纵肌与外环肌组成。内纵肌的肌纤维可伸入绒毛内，外环肌有时与肌层连成一片。黏膜下层很薄，局部甚至缺如。十二指肠的黏膜下层中没有十二指肠腺，仅在肌胃与十二指肠的连接处，有一些类似十二指肠腺的腺体存在。肌层较发达，由内环肌与外纵肌组成。在回肠与盲肠交界处形成括约肌，此处黏膜形成环状皱襞。外膜为浆膜。

5. 鸡盲肠（chicken cecum）

盲肠是 2 条盲管，基部细，中部较宽，盲端又较细。肠壁的厚度，以中部最薄，基部和盲端都较厚。盲肠的组织结构与小肠大体相似。黏膜上皮为单层柱状上皮，有皱襞和绒毛。盲肠基部的绒毛较发达，中部的绒毛短而宽，盲端则无绒毛存在。固有层内有淋巴组织，盲肠基部特别发达，形成盲肠扁桃体（tonsillae cecales）。盲肠的局部缺黏膜肌层。黏膜下层有时很显著。肌层

二维码 12.9
鸡盲肠

的厚度和排列在不同的区域有明显差异。禽类的盲肠有消化和吸收的功能，将小肠内未被酶分解的食物进一步消化，并吸收水、盐类等。盲肠内微生物的大量繁殖，使食物中的纤维素得到分解和吸收。

6. 鸡泄殖腔（chicken cloaca）

泄殖腔的组织结构与大肠基本相似。黏膜具有绒毛，也由上皮和固有层共同形成。粪道的绒毛为短的指状，泄殖道为扁的叶状，肛门的绒毛最短小。黏膜上皮为单层柱状上皮，上皮在泄殖孔背唇和腹唇内侧，突然转变为复层扁平上皮。黏膜肌层在泄殖孔的肌层和括约肌都含有骨骼肌纤维。外膜为纤维膜。此外，肛道的黏膜内有肛腺（glandulae proctodeum）。

二维码 12.10
鸡泄殖腔

（三）鱼类动物消化管组织学结构特点

1. 鲤鱼食管（cyprinoid esophagus）

鲤鱼食管短，黏膜层纵行皱褶多，其黏膜上皮为复层扁平上皮，食管前部黏膜肌层较厚，多为纵行横纹肌，环形肌少，黏膜下层薄，食管后段黏膜肌层消失。食管肌层内环外纵，环形肌较发达，约占管壁 1/2，纵肌并未形成完整一层。

二维码 12.11
鱼食管

2. 鲤鱼肠（cyprinoid intestine）

鲤鱼的肠直接与食管相连，分成前肠、中肠和后肠，各段间区别不明显。肠壁可分为黏膜层、肌层、浆膜 3 层。黏膜层由上皮、固有层构成。

二维码 12.12
鱼肠

黏膜层向肠腔形成明显的皱褶，一般皱褶不分支。皱褶在前肠较深，排列较密，后肠较浅，排列较疏。

黏膜上皮为单层柱状上皮，以柱状细胞为主，起吸收作用，细胞高柱状，核位于基部，细胞游离面有明显的纹状缘，电镜下为微绒毛。杯状细胞分布在柱状细胞间，呈高脚酒杯状，分泌黏液。在柱状细胞间还可见淋巴细胞。

固有层没有肠腺，由较致密的结缔组织构成，含血管、淋巴管、淋巴细胞和其他白细胞，并具有胶原纤维、弹性纤维和网状纤维。

肌层由内环、外纵两层平滑肌构成，内环层较厚，两层间可见血管、神经丛细胞。

浆膜由一层薄的结缔组织和间皮构成。

三、示范切片

1. 猪胃底腺 3 种细胞

应用改良 Lux01 快蓝酸性染料进行染色时，壁细胞染成蓝色，黏液细胞略呈紫红色，主细胞酶原颗粒橘红色。

2. 味蕾

在兔舌黏膜上皮中分布有许多浅色卵圆形味蕾，在显微镜下可区分出味细胞和支持细胞，核蓝紫色，胞浆红色。

四、电镜照片

1. 小肠上皮

小肠上皮在电镜下可见纹状缘由许多紧密排列的微绒毛组成。

2. 胃的壁细胞

壁细胞又称盐酸细胞（oxyntic cell），壁细胞游离面的胞膜向胞质内深陷形成分支的小管，称细胞内小管（intracellular canaliculi），有许多微绒毛伸入小管内，扩大了壁细胞表面积。胞质内有许多管泡状滑面内质网，称微管泡系统（microtubulovesicular system）。当细胞分泌盐酸时，微管泡系统与细胞内小管相连。胞质中线粒体丰富，还有高尔基复合体、粗面内质网、微管和微丝等。

五、作业和思考题

（1）消化管的基本组织结构的共同性有哪些？

（2）消化管中家畜与家禽基本组织结构有哪些不同点？

江西农业大学　王亚鸣

南京农业大学　黄国庆（淡水鱼部分）

第十三章　消化腺(Digestive Gland)

一、实验目的和要求

(1)掌握不同动物消化腺(digestive gland)的结构和特点。
(2)掌握肝小叶(hepatic lobule)和门管区(portal area)的组织结构。
(3)比较不同动物肝脏(liver)组织结构的差异。
(4)掌握鱼肝胰脏(hepatopancreas)的组织学特点。(淡水养殖专业)

二、切片观察方法及要点

(一)家畜动物消化腺器官组织学结构特点

1. 羊颌下腺(ovine submaxillary gland)

低倍镜观察:被膜(capsule)为疏松结缔组织,伸入腺体内将实质分为许多腺叶和腺小叶。

颌下腺为混合腺,小叶内可见大量的腺泡(alveoli),细胞质染色较深的为浆液性腺泡,染色较浅的为黏液性腺泡。

高倍镜观察:浆液性腺泡(serous alveoli)细胞呈立方形或锥形,基部细胞质染色为紫蓝色,胞核呈圆形,靠近基底部。

黏液性腺泡(mucous alveoli)细胞呈锥形,胞核扁平靠近基底部、由于胞质内含有弱碱性的黏原颗粒,染色为淡蓝色。

导管(duct)分布在小叶内、叶间及小叶间结缔组织内,为上皮性管道,主要由单层扁平上皮、立方上皮单层柱状上皮及假复层柱状上皮构成。

2. 牛腮腺(bovine parotid gland)

低倍镜观察:牛腮腺为浆液性腺,在小叶内可见腺泡和各级

二维码 13.1
羊颌下腺低倍镜

二维码 13.2
羊颌下腺高倍镜

二维码 13.3
牛腮腺低倍镜

导管,小叶间结缔组织内可见较大的导管和血管。

高倍镜观察:(1)腺泡(alveoli)。牛腮腺为纯浆液性腺,腺腔小染色呈粉红色。

(2)导管(duct)。闰管位于小叶内,管径小直接与腺泡相连。分泌管位于腺泡间,有单层柱状上皮构成。小叶内导管结构与分泌管相似,但上皮为矮柱状,管径细小。小叶间导管管径较大。

二维码 13.4
牛腮腺高倍镜

3. 猪肝脏(porcine liver)

低倍镜观察:(1)被膜(capsule)。由浆膜及其深部富含弹性纤维的致密结缔组织构成,染色为紫红色。

(2)肝小叶(hepatic lobule)。肝实质中被结缔组织分隔成若干小叶,即肝小叶、小叶间界限明显。中央静脉(central vein)小叶为多边棱柱体,中心处空腔即为中央静脉,管壁薄无平滑肌自有少量结缔组织。

二维码 13.5
猪肝低倍镜

(3)门管区(portal area)。相邻小叶之间可见有小叶间动脉、小叶间静脉和小叶间胆管,此区域即为门管区。

(4)肝血窦(hepatic sinusoid)。肝细胞索间的空隙即为肝血窦。

高倍镜观察:(1)肝细胞索(hepatic cord)。肝小叶横切面上,中央静脉周围的肝细胞呈放射状条索排列,称肝细胞索或肝索。肝细胞之间界线模糊,细胞核为椭圆形,多数肝细胞只有一个细胞核偶见两个细胞核。细胞染色呈粉红色,可见颗粒状的嗜碱性物质。

二维码 13.6
猪肝高倍镜

(2)肝血窦(hepatic sinusoid)。肝血窦为存在于肝板之间的不规则的腔隙,相互吻合成网状。窦壁由内皮细胞构成,内皮细胞较小,核扁平染色较深,肝血窦内散在有肝巨噬细胞,细胞呈星状,借突起附着在内皮细胞表面或伸入内皮细胞的窗孔中,核较大呈卵圆形。

(3)门管区(portal area)。小叶间静脉为门静脉分支,管腔大,管壁薄,在内皮外散在分布少量平滑肌。小叶间动脉为肝动脉分支,管腔小,管壁厚,在内皮外分布有环形平滑肌。小叶间胆管为肝管分支,管腔狭小,管壁围以单层立方上皮或低柱状上皮。

4. 牛肝脏(bovine liver)

牛肝小叶间结缔组织较少,肝小叶分叶不明显。

5. 猪胆囊(porcine gall bladder)

低倍镜观察:胆囊壁可分为黏膜、肌层和外膜3层。

二维码 13.7
牛肝低倍镜

高倍镜观察：黏膜有大量的皱襞，上皮细胞游离缘有不明显的纹状缘。

肌层中平滑肌的肌纤维方向不规则，环行肌相对较发达。

外膜中与肝脏相连接处为纤维膜，其余部分为浆膜。

6. 猪胰腺（porcine pancreas）

二维码 13.8
牛肝高倍镜

低倍镜观察：胰腺表面被覆以少量结缔组织构成的被膜，该结缔组织伸入到实质，将实质分为叶和小叶，结缔组织不发达，叶间界限不明显。小叶由浆液性细胞组成，染色为紫红色，小叶间分布有血管和导管，小叶内可见一些染色较浅的胰岛（pancreas islet）。

高倍镜观察：腺泡（alveoli）呈泡状或管状，由浆液性腺细胞组成，大小不等。腺上皮细胞呈锥形，胞核呈圆形位于细胞基部，顶部胞质含有嗜酸性的酶原颗粒染色为粉红色，底部胞质嗜碱性染色为紫蓝色。腺泡腔中有一种泡心细胞，该细胞的细胞核扁平或圆形，染色较淡，界限不清。

二维码 13.9
猪胆囊

导管（duct）分为闰管、小叶内导管、叶间导管和总排泄管等，由单层上皮构成。闰管管道较长，管腔小，由单层扁平上皮构成，一端连接泡心细胞，另一端与小叶内导管相通。小叶内导管管腔较闰管变大，由立方上皮细胞构成，当其进入小叶间时移行为叶间导管。叶间导管管腔更大，其上皮为柱状上皮，最后汇集成总排泄管。总排泄管由高柱状细胞构成，细胞间夹有杯状细胞，偶见内分泌细胞。

二维码 13.10
猪胰腺低倍镜

胰岛（pancreas islet）分散在外分泌腺腺泡间，由大小不等的细胞团和细胞索构成，细胞间界限不清，胞核呈圆形或卵圆形，可见毛细血管（牛的胰岛细胞呈板状排列）。

7. 牛胰腺（bovine pancreas）

二维码 13.11
猪胰腺高倍镜

低倍镜观察：小叶由浆液性腺泡组成（小叶间和小叶内白色裂隙为制片时组织收缩造成）染色为紫红色。小叶内可见染色较浅的内分泌组织——胰岛（pancreas islet）。

高倍镜观察：可见腺泡、导管和胰岛。

（二）家禽动物消化腺器官组织学结构特点

二维码 13.12
牛胰腺低倍镜

1. 鸡肝脏（chicken liver）

低倍镜观察：由于禽类小叶间结缔组织不发达，故肝小叶的界限不明显，鸡尤为不明显。通常根据中央静脉和门管区来判断肝小叶的界限。

高倍镜观察：与家畜不同，鸡的肝板由 2 排肝细胞组成，肝板以中央静脉为中轴呈辐射状排列。肝细胞呈多边形，细胞核大而圆位于肝细胞靠近肝血窦的一侧。

二维码 13.13
牛胰腺高倍镜

2. 鸡胆囊（chicken gall bladder）

低倍镜观察：胆囊壁可分为黏膜、肌层和浆膜 3 层。

高倍镜观察：黏膜形成绒毛样纵行皱襞，黏膜上皮为单层柱状上皮，固有层内有淋巴组织。肌层较薄，可分为内纵、外环两层平滑肌。浆膜较厚，血管丰富。

二维码 13.14
鸡肝低倍镜

3. 鸡胰腺（chicken pancreas）

低倍镜观察：鸡胰腺与家畜相似，也属复管泡状腺，由腺泡和导管组成。

高倍镜观察：（1）腺泡（acinus）。由浆液性细胞围成，细胞呈不规则的圆锥形，核圆形或椭圆形，位于细胞基底部，细胞游离端含有许多嗜酸性酶原颗粒。腺泡腔面有体积较小的泡心细胞，胞质内无分泌颗粒。

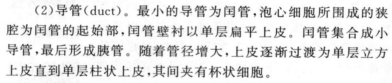

二维码 13.15
鸡肝高倍镜

（2）导管（duct）。最小的导管为闰管，泡心细胞所围成的狭腔为闰管的起始部，闰管壁衬以单层扁平上皮。闰管集合成小导管，最后形成胰管。随着管径增大，上皮逐渐过渡为单层立方上皮直到单层柱状上皮，其间夹有杯状细胞。

（3）胰岛（pancreas islet）。禽类胰岛由于甲、乙、丁三种细胞分布不均匀，可分为亮胰岛和暗胰岛两种。亮胰岛又称乙胰岛，在胰的三个叶中都有，其中主要是乙细胞，还有丁细胞。暗胰岛又称甲胰岛，主要分布于中间叶，其中主要是甲细胞，也有少量丁细胞。

二维码 13.16
鸡胆囊

（三）鱼类动物消化腺器官组织学结构特点

鱼类消化腺主要是肝和胰，真骨鱼的肝和胰一般混合在一起，统称为肝胰腺（hepatopancreas）。

二维码 13.17
鸡胰腺

1. 鲤鱼肝脏（cyprinoid liver）

低倍镜观察：鱼类肝脏的大小、形态、颜色、分叶变化很大，而且常和胰腺混在一起，有时肝脏内部埋藏着胰腺组织，形成肝胰脏。胰腺以大小不等的腺泡群如同小岛一样散布在肝组织内，多分布在较大的血管周围，外方有极少量的结缔组织将其与肝组织分隔开来。

高倍镜观察:外覆浆膜,被膜结缔组织很少伸入肝实质中,肝门管中的肝动脉、肝静脉和胆管也往往不在一起,中央静脉分布亦不规则。鲤鱼的肝实质为大量细胞索,排列密集,呈网状。细胞形状较一致,核圆,位于细胞中心,一般具有 2 个核仁,细胞质中脂质较多,HE 染色较浅。肝小叶结构不明显,小叶中有中央静脉,但小叶边缘只有少量血管,边界不明显。小叶间胆管亦位于小叶边缘,胆管上皮为单层扁平或立方,小叶间胆管汇集形成肝管。

2. 鲤鱼胰腺(cyprinoid pancreas)

胰腺主要由腺泡及导管构成,腺泡由单层柱状上皮构成,细胞中可见嗜酸性颗粒。局部可见染色较浅,体积较小,排列较不规则的细胞团,即胰岛。

三、示范切片

1. 兔肝(rabbit liver)(示肝血管,墨汁注射)

在低倍镜下先找到中央静脉,其周围为放射状排列的肝血窦,均充满黑色液体,因切面关系,有的肝血窦未与中央静脉相通。在门管区,可见到小叶间动、静脉,但管壁结构看不清,管腔内充满黑色液体,并且可见它们的分支从小叶边缘通入肝血窦内。

2. 大鼠肝(rat liver)(示枯否氏细胞,苏打红活体染色、苏木精复染)

在活体染色的切片上,枯否氏细胞的胞质中吞有大量红色的染料颗粒,呈长三角形或多边形,非常容易发现。

四、电镜照片

1. 肝细胞(hepatocyte)

电镜下观察,肝细胞内含有大量的线粒体、粗面内质网、滑面内质网和糖原等。

2. 胆小管(bile canaliculi)

胆小管由相邻肝细胞的细胞膜互相凹陷形成。

3. 窦周隙(perisinusoidal space)

窦周隙为血窦内皮细胞与肝细胞之间的微小裂隙,肝细胞有一些短小的微绒毛伸入窦周隙。

五、作业和思考题

(1)绘制低倍镜下猪肝脏组织学结构图。

(2)绘制高倍镜下牛胰腺组织学结构图。

(3)哺乳动物与禽类动物消化腺器官组织结构有哪些异同点？

吉林大学　宋斯伟

南京农业大学　黄国庆(淡水鱼部分)

第十四章 呼吸系统
(Respiratory System)

一、实验目的和要求

（1）掌握不同动物主要呼吸器官的结构特点。

（2）注意比较气管（trachea）和肺（lung）组织结构的异同点。

（3）掌握鱼鳃（gill）的组织学特点。（淡水养殖专业）

二、切片观察方法及要点

（一）家畜动物呼吸器官组织学结构特点

1. 猪气管（porcine trachea）

肉眼观察：管腔大，呈圆形，管壁中央有一嗜碱性的"C"形软骨环，软骨环处可见平滑肌束。

低倍镜观察：（1）黏膜（mucosa）。位于气管壁最内层，由黏膜上皮和固有层组成。黏膜上皮为假复层纤毛柱状上皮，固有层为富含弹性纤维结缔组织，可见腺导管、血管、淋巴细胞、浆细胞等。

（2）黏膜下层（submucosa）。为疏松结缔组织，位于黏膜和外膜之间，与固有层和外膜无明显界限，其中可见血管和混合腺（即气管腺）。气管腺可视为黏膜下层的标志。

（3）外膜（adventitia）。构成气管壁最外层，由致密结缔组织和透明软骨组成。透明软骨淡蓝色，在软骨环缺口处内侧可见深紫红色的平滑肌纤维束。

高倍镜观察：（1）黏膜上皮（mucosa epithelium）。为假复层柱状纤毛上皮，上皮间夹有杯状细胞。柱状细胞游离面可见纤毛。上皮的基膜较明显，位于基底面，呈红色均质带状。

二维码 14.1
猪气管

（2）固有层（lamina propria）。为富含弹性纤维的疏松结缔组织，弹性纤维红色，呈带状（纵切）或点状（横切）。在结缔组织中，可见气管腺的导管、小血管、淋巴细胞等。

（3）黏膜下层（submucosa）。为疏松结缔组织，内含混合腺。

（4）外膜（adventitia）。主要由"C"形透明软骨和结缔组织构成，在缺口处有少量平滑肌和结缔组织相连。

不同家畜气管的组织学结构区别不大，主要区别在气管的形状和软骨环数：猪的气管呈圆柱形，气管软骨环 32～36 个，游离的两端重叠或相互接触；牛的气管较短，垂直径大于横径，气管软骨环 48～60 个，游离的两端重叠；马的气管横径大于垂直径，气管软骨环 50～60 个，游离的两端不相接触。

2. 猪肺（porcine lung）

肉眼观察：切片红色，结构疏松，呈海绵样组织。

低倍镜观察：（1）支气管（bronchus）。管腔较大，腔面较平，皱襞少。黏膜上皮为假复层纤毛柱状上皮，上皮之间夹有杯状细胞，固有层薄，其深面有分散的平滑肌纤维束；黏膜下层由疏松结缔组织构成，内含混合腺。外膜由透明软骨片和结缔组织组成，其中的小血管为支气管动、静脉的分支。肺内支气管随着分支，管腔由大变小，管壁由厚变薄，腺体由多变少，软骨片由大变小，杯状细胞逐渐减少，平滑肌逐渐增多。

二维码 14.2
猪肺

（2）细支气管（bronchiole）。管腔小于小支气管，管壁较薄，黏膜突向管腔形成许多纵形皱襞，故细支气管横切腔面呈星状。黏膜上皮为假复层柱状纤毛上皮或单层柱状纤毛上皮，杯状细胞极少或缺如，固有层很薄，平滑肌纤维束逐渐增多，形成较为完整的环行肌层。黏膜下层混合腺极少或缺如。外膜的软骨呈很细小的片状或缺如。细支气管随着管腔由大变小，假复层柱状纤毛上皮渐变为单层柱状纤毛上皮，上皮间的杯状细胞、黏膜下层的混合腺及外膜的软骨片明显减少乃至消失，而平滑肌相对增多，形成环行的平滑肌层。

（3）终末细支气管（terminal bronchiole）。管腔小于细支气管，管壁更薄，腔面皱襞少或无皱襞。上皮为单层柱状纤毛上皮或单层柱状上皮，杯状细胞、混合腺、软骨片完全消失，平滑肌形成薄而完整的环形肌层，基层薄。

（4）呼吸性细支气管（respiratory bronchiole）。直接与肺泡管通连，管壁不完整。管壁上皮起始端为单层纤毛柱状上皮，随着向肺泡管移行逐渐过渡为单层柱状、单层立方上皮，邻近肺泡处为单层扁平上皮；上皮深面有少量结缔组织和少量平滑肌。

（5）肺泡管（alveolar ducts）。为许多肺泡、肺泡囊开口围成的管道，管壁上许多肺泡，自身的管壁结构少，不完整，仅在相邻肺泡开口之间的肺泡隔末端，可见由1～2条平滑肌纤维构成的结节状膨大（与肺泡囊的区别），该膨大即视为肺泡管的管壁。膨大表面被覆单层扁平上皮，薄层结缔组织内含弹性纤维和平滑肌。

（6）肺泡囊（alveolar sac）。由几个肺泡围成的具有共同开口的囊状结构，相邻肺泡开口之间无平滑肌，除肺泡以外无其他囊壁，故无结节状膨大。

高倍镜观察：肺泡（pulmonary alveoli）为半球形或多面形囊泡，开口于呼吸性细支气管、肺泡管或肺泡囊。肺泡壁很薄，由单层肺泡上皮细胞组成。相邻肺泡之间的组织称肺泡隔。

二维码 14.3
猪肺

（1）肺泡上皮（alveolus epithelium）。由Ⅰ型肺泡细胞和Ⅱ型肺泡细胞组成。

Ⅰ型肺泡细胞（type Ⅰ alveolar cell）扁平肺泡细胞，数量多，体大扁平，胞核扁圆位于中央，细胞含核部分略厚，其余部分极薄。Ⅱ型肺泡细胞（type Ⅱ alveolar cell）：立方肺泡细胞，细胞较小，呈圆形或立方形，散在凸起于Ⅰ型肺泡细胞之间。胞核圆形，胞质着色浅，呈泡沫状。

（2）肺泡隔（alveolar septum）。为相邻肺泡之间的薄层结缔组织，属肺间质。内含密集的连续毛细血管和丰富的弹性纤维。肺泡隔内或肺泡腔内可见体积大、胞质内常含吞噬颗粒的细胞，即肺巨噬细胞（pulmonary macrophage），或称尘细胞（dust cell）。

不同家畜肺的组织学结构区别不大，主要区别在分叶情况：猪、牛、羊和犬的分叶明显，马无叶间裂，分叶不明显。

（二）禽类动物呼吸器官组织学结构特点

禽类动物呼吸器官组织学结构特点同家畜相似，具体结构特点如下。

鸡肺（chicken lung）

低倍镜观察：被覆在肺表面的薄层红染结构为浆膜。肺小叶横切面呈多角形，肺小叶中央的开放性管状结构为三级支气管的横切面，肺房围绕三级支气管呈辐射状排列，肺房周围的泡状结构为肺毛细管。小叶间结缔组织不完整，故肺小叶界限不清。

二维码 14.4
鸡肺

高倍镜观察：（1）初级支气管（primary bronchus）。切面极少，难以见到。初级支气管管腔较大，黏膜形成皱襞。上皮为假复层柱状纤毛上皮，上皮间有泡状黏液腺、杯状细胞。固有层内含大量弹性纤维，偶见淋巴小结。随管径变细，平滑肌逐渐增多，平滑肌环行或纵行。偶见透明软骨片。

（2）次级支气管（secondary bronchus）。切面很少，上皮为单层柱状纤毛上皮，少或无泡状黏液腺和杯状细胞，平滑肌相对多，形成完整肌层。

（3）三级支气管（tertiary bronchus）。相当于哺乳动物肺泡管，位于肺小叶中央。管壁被许多辐射状排列的肺房所穿通，故呈开放式管道。上皮为单层立方上皮或单层扁平上皮，上皮外有少量结缔组织，平滑肌呈束状。

（4）肺房（atirum）。相当于哺乳动物肺泡囊，位于三级支气管周围，为不规则囊腔。上皮为单层扁平上皮。肺房底壁形成许多小的隐窝，称漏斗，与肺毛细管相通。

（5）肺毛细管（pulmonary capillary）。相当于哺乳动物肺泡。管壁由单层扁平上皮构成，管间结缔组织中有网状纤维、毛细血管，切片上不易分辨。

（三）鱼类动物呼吸器官组织学结构特点

鱼类主要呼吸器官是鳃（gill），有些鱼有辅助呼吸器官，如皮肤、假鳃、后肠和鳔等。

鲤鱼鳃（cyprinoid gill）

低倍镜观察：鲤鱼的鳃由鳃弓和鳃丝构成。

鳃弓（gill arch）切面半圆形，表面为复层扁平上皮，中央为透明软骨组成的半圆弧状鳃弓软骨，在半圆弧状鳃弓内凹的一面有两支血管，靠近鳃丝方向的是入鳃动脉，靠近鳃弓软骨的是出鳃动脉。入鳃动脉内侧有一支粗大的神经束，各部分结构之间由结缔组织充填。

二维码 14.5
鱼腮低倍镜

鳃丝（gill filament）一端固着在鳃弓上，另一端游离，形如马刀，其外侧被覆复层扁平上皮，与鳃弓表皮相接，每一根鳃丝由鳃丝软骨支持，软骨长度约为鳃丝全长的 2/3。鳃丝内侧为入鳃丝动脉，外侧为出鳃丝动脉，两动脉发出分支与鳃小片窦状隙相连。鳃小片基部粗，着生在鳃丝上，另一端游离。

高倍镜观察：鳃小片（branch leaf）由 3 层细胞组成，内、外两层为单层扁平上皮细胞。这些细胞无基膜，直接与柱状支持细胞膜相连。柱状支持细胞，核大而圆，浅蓝色，位于中央，细胞中部收缩，上下两端膨大呈"工"字状，相邻的柱状支持细胞中间膨大形成窦状隙。窦状隙内有许多血液细胞。鳃小叶边缘还有泌氯细胞及黏液细胞。

二维码 14.6
鱼腮高倍镜

三、示范切片

兔肺(rabbit lung)：肺血管注射卡红明胶，肺组织中红色部分均为肺血管，注意观察肺泡壁上密网状排列的毛细血管。

四、电镜照片

1. Ⅱ型肺泡细胞(type Ⅱ alveolar cell)
注意观察细胞内含有一些嗜锇性板层小体。

2. 血气屏障(blood-air barrier)
观察一个肺泡壁的结构。肺泡壁和肺泡隔中的毛细血管形成了血气屏障，由肺泡表面液体层、Ⅰ型肺泡细胞与基膜、毛细血管内皮与基膜构成。

五、作业和思考题

(1)绘制高倍镜下气管的组织学结构图。

(2)绘制低倍镜下肺小叶的组织学结构图。

(3)如何在光镜下辨别支气管、细支气管、终末细支气管、呼吸性细支气管、肺泡管和肺泡囊？

(4)肺内各级支气管壁有何变化规律？

青岛农业大学　宋学雄　郇延军
西南大学　刘建虎　何　滔(淡水鱼部分)

第十五章　泌尿系统(Urinary System)

一、实验目的和要求

（1）掌握动物肾的组织特点，在高倍镜下能识别肾小体（renal corpuscle）、近曲小管（proximal convoluted tubule）、远曲小管（distal convoluted tubule）和致密斑（macula densa）。

（2）在高倍镜下辨别近曲小管和远曲小管的区别。

（3）掌握鱼类肾的结构特点。（淡水养殖专业）

二、切片观察方法及要点

（一）家畜动物泌尿器官组织学结构特点

1. 猪肾（porcine kidney）

肉眼观察：外周浅层染色深，深层染色较浅，可见深层有许多条状的结构，为肾小管和集合小管。

低倍镜观察：表面有被膜，实质分为皮质和髓质。

被膜（capsule）位于肾表面为薄层红染的致密结缔组织，被膜深层是实质。实质分浅部染色红的皮质和深部染色淡红的髓质。

二维码 15.1

猪肾

皮质（cortex）较厚，内有许多呈圆形结构，为肾小体，其周围有大量染色深浅不一的管状结构，为髓放线，由髓质的肾小管和集合小管呈放射状伸入皮质形成。髓放线之间的皮质为皮质迷路。

髓质（medulla）无肾小体，主要由大量的管状结构（肾小管和集合小管的切面）组成，其间可见结缔组织和血管。在皮、髓质交界处较大的血管为弓形动、静脉。

高倍镜观察：(1)被膜（capsule）。位于肾表面，为红染的致密结缔组织，夹杂有少量平滑肌纤维。

二维码 15.2
猪肾血管灌注

(2)肾小体（renal corpuscle）。呈圆球形或椭圆形，位于皮质迷路，分散存在于近曲小管和远曲小管切面之间，由血管球和肾小囊组成。微动脉出入的一端为血管极，与血管极相对的一端与肾小管相连，为尿极。

血管球（glomerulus）位于肾小体中央，是一团弯曲的毛细血管，包在肾小囊中，由入球微动脉分支而成，镜下可见大量毛细血管切面以及一些蓝色细胞核，但不易区分为哪一种细胞的核。

肾小囊（renal capsule）由肾小管起始端膨大凹陷形成，包裹血管球，外层为壁层，由单层扁平上皮细胞构成，核扁圆形，胞浆较少，有核的部位突起，内层为脏层，包在血管球毛细血管的表面，与毛细血管内皮紧密相贴，上皮不易分辨，两层之间为肾小囊腔（活体时充满原尿）。偶尔在切片中可观察到肾小囊腔与近曲小管腔相延续，该处为肾小体的尿极，与尿极相对处为肾小体的血管极，在此处偶尔可观察到出入肾小球的小动脉切面。肾小体的血管极处无肾小囊腔。

(3)近曲小管（proximal convoluted tubule）。近端小管曲部，为肾小管起始部，位于肾小体附近，管长而弯曲，故切面较多，管径较粗，管腔小而不规则，管壁较厚，由单层锥体细胞构成，细胞体积较大，呈锥形，界限不清，细胞核呈圆形或椭圆形，位于细胞基部，胞质强嗜酸性被染成红色，细胞游离面有排列不规则的微绒毛构成的刷状缘，若材料固定不及时，刷状缘常因被破坏而不明显。

(4)远曲小管（distal convoluted tubule）。远端小管曲部，位于肾小体附近，但切面数量较少，管腔大而规则，管壁较薄，由单层立方上皮构成。细胞界限较清楚，胞核圆形，位于细胞中央，胞质弱嗜酸性，染成淡红色；细胞游离面无刷状缘。

(5)近端小管和远端小管直部（proximal straight tubule and distal straight tubule）。位于髓放线和髓质内，多呈纵切面，其形态特点分别与近曲小管和远曲小管相似。只是近端小管直部上皮细胞略低。

(6)细段（thin segment）。位于髓质。细段是肾小管最细小部分，管腔小，管壁薄，由单层扁平上皮构成。上皮含核部位较厚，胞核扁椭圆形，并向管腔内隆起。注意细段与毛细血管的区别——毛细血管的内皮较细段上皮薄，胞核椭圆形或梭形，染色深，胞核向腔面突出更明显；毛细血管腔内多有血细胞，而细段的管腔内则无血细胞。

(7)集合小管（collecting tubule）。主要位于髓质和髓放线内，管腔较大，管壁由单层立方上皮或单层柱状上皮构成。上皮细胞核圆形，位于细胞基部，胞质染成浅红色,细胞界限清楚。集合小管在肾乳头处移行为乳头管,其上皮为变移上皮。

(8)致密斑(macular densa)。为肾小球旁器的一种。位于肾小体的血管极,由远曲小管紧靠肾小体血管极一侧的管壁上皮细胞特化而成。细胞呈柱状,排列比较紧密,细胞界限不清,胞核位于近细胞顶部,呈椭圆形,深染,且密集,胞质淡红色。

2. 猪输尿管(porcine ureter)

肉眼观察:中间空为管腔,管壁较厚,有深红环形结构围绕,为肌层外层外膜。

低倍镜观察:管壁由内向外分为黏膜、肌层和外膜。因黏膜形成纵行皱襞,使管腔横切面不规则呈星形。

(1)黏膜(mucosa)。为输尿管壁最内层,由上皮和固有层组成。上皮为变移上皮,基膜不明显。固有层位于上皮深层,由结缔组织构成,其中有小血管。

(2)肌层(muscularis)。由内纵、中环、外纵3层平滑肌构成,平滑肌层排列不规则。肌层间,有丰富的血管及纤维。

(3)外膜(tunica adventitia)。是由结缔组织构成的纤维膜,其中可见小血管、小神经束等切面。

高倍镜观察:观察黏膜层的上皮和固有层、肌层的结构。

3. 猪膀胱(porcine urinary bladder)

低倍镜观察:标本中凸凹不平面为黏膜面。膀胱壁由内向外分为黏膜、肌层和外膜(或浆膜)。黏膜突向膀胱腔形成许多大小不等的皱襞。

二维码 15.3
猪膀胱

(1)黏膜(mucosa)。为膀胱壁最内层,由上皮和固有层组成。上皮为变移上皮,随着膀胱功能状态细胞层数发生改变,收缩期上皮变厚,细胞4~7层不等,表层细胞较大称为盖细胞,胞核圆形,位于中央,偶见双核,胞质染色较深,中间层细胞呈多边形或倒置梨形;基底层细胞为矮柱状或立方形。固有层为致密结缔组织。

(2)肌层(muscularis)。较厚,可分内纵、中环和外纵3层。因平滑肌纤维走向较乱,相互交错,各肌层界限不清。

(3)外膜(tunica adventitia)或浆膜。膀胱顶和膀胱体为结缔组织和间皮构成的浆膜,膀胱颈为结缔组织构成的外膜。

高倍镜观察:黏膜层,肌层结构与输尿管组织结构相似,外膜由浆膜和纤维膜组成。

4. 兔肾（rabbit kidney）

肉眼观察：表面有被膜，外周深红为皮质，深层浅红为髓质。

低倍镜观察：肾表面为薄层红染的被膜，致密结缔组织，被膜深层是实质。实质分外周染色深红的皮质和深部淡染的髓质。皮质内大小不等圆形的肾小球，其周围有较多远曲小管和近曲小管的切面。深部的髓质多为集合小管的纵切面，集合小管的上皮一般为单层立方上皮。

二维码 15.4
兔肾

高倍镜观察：肾结构与猪的结构相似。

5. 马膀胱（horse urinary bladder）

肉眼观察：表面有凸凹不平的皱褶，为膀胱上皮的游离面，中间有排列不规则的肌层，染色粉红。

低倍镜观察：膀胱壁由内向外分为黏膜、肌层和外膜（或浆膜）。黏膜突向膀胱腔形成许多大小不等的皱襞。结构与猪的组织结构相似，其中黏膜上皮为变移上皮，其中盖细胞体积较大。

二维码 15.5
马膀胱

6. 牛输尿管（bovine ureter）

肉眼观察：中间空为管腔，横断面呈星形，中央染色呈淡红色为黏膜层，外周染色较深为肌层。

低倍镜观察：膀胱壁由内向外分为黏膜、肌层和外膜（或浆膜）。黏膜突向膀胱腔形成皱襞。黏膜层由上皮和固有层组成。上皮为变移上皮，固有层为结缔组织，可见很多血管的横切面；肌层较厚，染色较深，可分内纵、中环和外纵平滑肌 3 层组成，各肌层界限不清。外膜或浆膜由结缔组织构成。观察结构与猪的输尿管结构相似。

二维码 15.6
牛输尿管

7. 犬膀胱（canine urinary bladder）

标本为膀胱处于充盈状态，结构与牛、马的膀胱结构相似，黏膜上皮分布为变移上皮，细胞层数为 2～3 层，表层细胞体积较大，细胞核呈圆形，体积大，核仁明显，中间层细胞形状不一，胞浆呈嗜酸性，细胞核呈卵圆形或扁平状，基底层细胞大小形状不一，有些细胞体积较大似表层细胞，细胞核多呈卵圆形，有些细胞呈扁平状或为矮柱状，核仁明显。

二维码 15.7
犬膀胱

（二）禽类动物泌尿器官组织学结构特点

家禽的泌尿系统包括肾和输尿管两个器官。禽肾呈长条豆荚状，分前、中、后三部分，位于腰荐骨与髂骨形成的肾窝内。无肾盏和肾盂，输尿管在肾内形成二级分支直接将尿液导出，排入泄殖腔。

1. 鸡肾（chicken kidney）

肉眼观察：整个标本呈深红色，皮髓界限不清。

低倍镜观察：肾脏表面有被膜，实质有许多肾小叶组成，分为皮质和髓质，但皮髓界限不如哺乳动物明显。

二维码 15.8
鸡肾

（1）被膜（capsule）。鸡肾表面被覆极薄的结缔组织被膜，部分区域的表面被覆有浆膜。被膜伸入实质形成小叶间和肾小管间的结缔组织，内有淋巴组织和丰富的毛细血管。

（2）皮质（cortex）。位于肾小叶的顶端，着色较深呈红色；在切片上肾小叶呈倒梨形，顶部宽似梨体，有许多球形的肾单位，周围有大量近曲小管和远曲小管的切面。皮质中央是中央静脉，在皮质半径的 1/2 处，肾小体有规律地环绕中央静脉排列成马蹄形的圈。

（3）髓质（medulla）。位于肾小叶的基部小似梨蒂，由集合小管和髓襻构成，浅红色。

高倍镜观察：（1）肾小体（renal corpuscle）。位于肾小叶皮质部，呈圆形或卵圆形，体积较小（皮质型肾单位的肾小体，其体积与近曲小管近似），由肾小球和肾小囊组成。肾小球位于肾小体中央，毛细血管分支少且吻合少，强嗜碱性，着色较深，细胞界限不清。肾小囊为双层杯状囊，包裹肾小球，囊壁分内、外两层。外层是肾小囊壁层，由单层扁平上皮构成，胞核呈卵圆形。内层是肾小囊脏层，紧贴在肾小球毛细血管的外面，上皮不易分辨。壁层与脏层之间是窄的肾小囊腔。

（2）近曲小管（proximal convoluted tubule）。在肾皮质内切面最多。管径较大，管壁厚，管腔较小而不规则，管壁由单层上皮构成，细胞呈锥形，界限不清，胞核圆形，位于细胞基部，胞质嗜酸性，红染，刷状缘位于细胞的游离面，呈深红色线条状。

（3）髓襻（medullary loop）。位于髓质内，分薄壁段和厚壁段。薄壁段管径较细，管壁较薄，由单层低立方上皮构成，胞核椭圆形，胞质嗜酸性，着色较浅，在切片上薄壁段的切面较少。厚壁段管径较粗，管壁较厚，由单层立方上皮构成，胞核大而圆，位于细胞中间，胞质呈浅红色，切片上其切面比薄壁段的多。

（4）远曲小管（distal convoluted tubule）。多集中位于中央静脉周围，管腔较大，管壁由单层立方上皮构成，胞核圆形或椭圆形，位于细胞中央，胞质弱嗜酸性、浅红色。

（5）集合小管（collecting tubule）。分小叶周集合小管和髓质集合小管。小叶周集合小管位于肾小叶的外周,管壁由单层立方上皮构成,胞核位于细胞基部,胞质嗜酸性,着色较浅。髓质集合小管位于肾小叶髓质,分散在髓袢薄壁段和厚壁段之间,管径较粗,管腔大,管壁厚,由单层柱状上皮构成,胞核大,位于细胞基底部,胞质嗜酸性,着色较浅,细胞界限明显。

(6)致密斑(macular densa)。其结构与哺乳动物相似。位于肾小体血管极处,远曲小管近血管极一侧的管壁上,细胞呈高柱状,核大,排列密集,细胞质少,细胞界限不清。

2. 鸡输尿管(chicken ureter)

肉眼观察:外周颜色较淡,中间染色较深为上皮。

低倍镜观察:管腔呈星状腔隙,管壁由黏膜层、肌层和外膜构成。黏膜上皮为假复层柱状上皮,固有层中常见弥散性淋巴组织或淋巴小结。黏膜下层厚度不一,其中除结缔组织和血管外,可见淋巴集结分布。肌层由内环肌和外纵肌两层组成。最外层是浆膜。

二维码 15.9
鸡输尿管

禽类无膀胱,输尿管直接连通泄殖腔。

(三)鱼类动物泌尿器官组织学结构特点

鱼类的泌尿系统包括中肾(mesonephros)、输尿管(ureter)和膀胱(urinary bladder)等器官。鱼肾的发育过程只有两个阶段,即前肾(pronephros)和中肾。前肾(pronephros)是胚胎时期的主要泌尿器官,成体后变为淋巴样组织,主要负责免疫和造血功能。中肾(mesonephros)是真骨鱼类成体后的泌尿器官。

鲤鱼中肾(cyprinoid mesonephros)

低倍镜观察:中肾外被结缔组织构成的纤维膜,内部充填淋巴组织,由肾单位组成的排泄组织位于肾脏外侧边缘。鲤鱼肾单位包括肾小管(颈节小管、近曲小管、远曲小管)和肾小体(肾小球、肾小囊),数量远远少于哺乳动物。在肾脏内侧的毛细血管血窦中可观察到肾间组织。

二维码 15.10
鱼肾

高倍镜观察:(1)肾小体(renal corpuscle)。较大,常多个聚集在一起呈葡萄状分布,共用一根动脉血管。入球小动脉在与肾小球相接处的血管壁平滑肌膨大,着色深,形成肾小球旁器。肾小囊外壁薄,由单层扁平上皮围成,内壁(脏壁)由足细胞组成,包围在毛细血管外缘。高倍镜下足细胞与肾小球毛细血管壁细胞及血液细胞混杂在一起,足细胞核大,HE 染色呈浅蓝色,血液细胞核小,呈深蓝色。

二维码 15.11
鱼肾

（2）肾小管（renal tubule）。由颈节小管、近曲小管、远曲小管组成。

颈节小管通常位于肾小囊附近，管径小，管腔内容物黏稠，管壁由5～8个锥状（立方上皮）细胞围成，细胞顶部着生有密集的刷状缘（微绒毛）。近曲小管（proximal convoluted tubule）断面在视野中数量最多，其外径较粗，内径细，管壁细胞锥状（立方上皮），相邻细胞顶部连接处呈波浪状，刷状缘（微绒毛）密集。远曲小管（distal convoluted tubule）断面在视野中数量较少，其外径较粗，内径也粗，管壁细胞立方状，相邻细胞顶部连接处平滑，刷状缘（微绒毛）稀疏。

三、示范切片

猪肾（porcine kidney）（血管注射）

外周为被膜，被膜下皮质有许多纵行或直行的血管，肾乳头汇集的管腔为肾小盏。弓形动、静脉位于皮、髓质交界处，血管比较粗大，多为横切或斜切。小叶间动、静脉位于皮质迷路内，血管走向与皮质表面相垂直。血管球位于肾小体内，呈红色丝球形，周围的毛细血管丰富，入球小动脉较出球小动脉略粗，但镜下二者不易区分。直小动、静脉是位于髓质内直行的小血管。

四、电镜照片

1. 肾小体（renal corpuscle）

肾小体是由一条入球微动脉进入肾小囊后，分成4～5支形成的毛细血管球，每支再分支形成毛细血管袢，血管袢之间在有血管系膜支持，毛细血管继而汇成一条出球微动脉，从血管极处离开肾小囊。入球微动脉较出球微动脉粗，在血压作用下，有利于原尿的形成。电镜下可见肾小体内的毛细血管切面和肾小囊的脏层的足细胞及其突起。

2. 足细胞（podocyte）

足细胞位于肾小囊的脏层，胞体较大，呈星形多突起，有几个大的初级突起由胞体发出，继而分支成许多指状的次级突起，相邻次级突起间相互穿插镶嵌，形成栅栏状，紧贴在毛细血管基膜外。突起之间有裂孔（slit pore），孔上覆盖一层裂孔膜（slit membrane），参与肾的滤过膜形成。电镜下可见足细胞的胞体以及伸出的初级和次级突起。

3. 滤过膜(filtration membrane)

滤过膜又称为滤过屏障(filtration barrier),由有孔毛细血管内皮、毛细血管内皮基膜和足细胞的裂孔膜组成。血液经毛细血管球时,在有效滤过压的作用下,滤过膜对血浆有选择性地通透,过滤到肾小囊腔中形成原尿。

4. 近曲小管(proximal convoluted tube)

管壁上皮细胞为立方形或锥体形,胞体较大,细胞分界不清,胞质嗜酸性,含有一些吞噬小泡,胞核呈球形,靠近基部,游离面有大量密集排列整齐的微绒毛构成的刷状缘,扩大细胞游离面的表面积。电镜下可见细胞的基底部有较多的质膜内褶,其中分布有大量的线粒体。

五、作业和思考题

(1)绘制低倍镜下肾小体的组织结构图。
(2)绘制高倍镜下近曲小管和远曲小管的组织结构图。
(3)光镜下近曲小管和远曲小管的组织结构有何区别?
(4)鱼类的中肾与哺乳动物肾脏相比,有什么特点?

西南大学　胡海霞
西南大学　刘建虎　何　滔(淡水鱼部分)

第十六章　雄性生殖系统
（Male Reproductive System）

一、实验目的和要求

（1）掌握家畜睾丸（testis）、附睾（epididymis）、输精管（ductus deferens）等器官的结构特点。

（2）在高倍镜下辨别出 5 种生精细胞（spermatogenic cell）和支持细胞（sertoli cell）。

（3）掌握家禽睾丸的结构特点。

（4）要掌握鱼类精巢的结构特点。（淡水养殖专业）

二、切片观察方法及要点

（一）家畜动物雄性生殖器官组织学结构特点

1. 成年猪睾丸（adult porcine testis）

肉眼观察：标本切面呈不规则形，紫红色。

低倍镜观察：（1）被膜（capsule）。睾丸表面除附睾缘外，均覆以浆膜，即鞘膜脏层，深部为致密结缔组织构成的白膜（tunica albuginea）。白膜的深层，具有丰富的脉管，为血管层。在睾丸的中央，白膜形成睾丸纵隔（mediastinum testis）。

二维码 16.1
猪睾丸低倍镜

（2）实质（parenchyma）。实质内可见睾丸纵隔的结缔组织呈放射状伸入睾丸实质，将其分成许多锥体形的睾丸小叶（lobuli testis），每个小叶内有 1～4 条细长弯曲盲端的曲精小管（seminiferous tubule）。在切片上可见实质内有许多呈圆形、椭圆形或长管状的曲精小管切面，有的由于仅切到管壁而未见管腔。曲精小管向睾丸纵隔处延伸为直精小管

(tubulus rectus)。直精小管进入睾丸纵隔,互相连接,成为管径粗细不等的睾丸网(rete testis)。直精小管和睾丸网的黏膜上皮都是单层柱状上皮或立方上皮。

(3)间质(interstitial tissue)。是指在曲精小管间的疏松结缔组织,除含有丰富的血管、淋巴管外,还有一种内在的分泌细胞——睾丸间质细胞(testicular interstitial cell)。

高倍镜观察:重点观察各级生精细胞(spermatogenic cell)和支持细胞(sertoli cell)的结构。曲精小管由一种特殊的复层生精上皮构成。生精上皮由生精细胞和支持细胞组成。在曲精小管和间质之间有着色较深的基膜,基膜外有一层胶原纤维和梭形肌样细胞构成的界膜。从基膜向内观察,可见下列不同发育阶段的生精细胞和支持细胞。

二维码 16.2
猪睾丸高倍镜

(1)生精细胞。包括精原细胞(spermatogonium)、初级精母细胞(primary spermatocyte)、次级精母细胞(secondary spermatocyte)、精子细胞(spermatid)和精子(spermatozoon)。

精原细胞(spermatogonium)位于基膜上,是最幼稚的生精细胞,紧贴基膜排列,有 1～2 层。细胞体积较小,呈圆形或卵圆形,胞质着色较浅,胞核圆形或椭圆形,染色较深。

初级精母细胞(primary spermatocyte)位于精原细胞的内侧,是最大的生精细胞,常有 2～3 层。细胞呈圆形,胞核大而圆,由于常处于细胞分裂状态,故可见粗线状的或成团的染色体。

次级精母细胞(secondary spermatocyte)位于初级精母细胞的内侧,体积比初级精母细胞小,但比近腔面的精子细胞大。由于存在时间短,很快完成二次成熟分裂,成为两个精子细胞,故在切片上不易见到。

精子细胞(spermatid)位于近腔面,可有 2～3 层,细胞体积小,呈圆形,胞核圆而疏松,胞质很少。

精子(spermatozoon)是一种形态特殊的细胞,形似蝌蚪,分为头部和尾部。头部被染成深蓝色,尾部为淡红色丝状,成群存在,并以其头部附着于支持细胞的顶部或两侧面,尾部朝向管腔。切片上常常只观察到尾部。

注意:有时在切片上见不到精子细胞和精子,这是因为曲精小管内精子发生时期不是同步的,每期细胞发育所需的时间也长短不一,导致曲精小管内生精细胞的排列与组合也不同。

(2)支持细胞(sertoli cell)。呈单层等距排列,在两个支持细胞之间是数层生精细胞。支持细胞形状不规则,大多为圆锥状,基部附于基膜上,顶部伸达曲精小管腔面。光镜下,细胞轮廓不清楚,但可根据其胞核大,呈椭圆形、三角形或不规则形，染色浅，具有 1～2 个不明显核仁等特点鉴别。一般在曲精小管基部的生精细胞之间易于观察。

（3）睾丸间质细胞（testicular interstitial cell）。猪的间质细胞数量大，大小非常不均，但以大的为多。在曲精小管的间质中，可见一种胞体较大，成群分布的多边形或圆形细胞，胞质的外围部分着色淡粉红，近核的部分则浓染。细胞膜清晰。胞核大而圆，核膜清楚，染色质分布均匀，具有一个或多个明显的核仁，核多偏于近质膜处。小的间质细胞，质膜不清，被结缔组织分成长的细胞带，胞质较少。

2. 猪附睾（porcine epididymis）

肉眼观察：猪附睾很发达，位于睾丸的附睾缘，可分为头、体、尾三部分。切片呈椭圆形，里面有许多腔隙。

低倍镜观察：头部主要由输出小管组成，体部和尾部由附睾管构成。输出小管为 10～20 条弯曲的小管，一端连于睾丸网，另一端连于附睾管。附睾管一端连于输出小管，另一端连于输精管（ductus deferens）。但由于切面的原因，只能观察到局部的结构。

二维码 16.3
猪附睾低倍镜

高倍镜观察：重点观察输出小管和附睾管的结构。

输出小管管壁由有纤毛的高柱状细胞和无纤毛的矮柱状细胞组成，两种细胞相间排列，使管腔内表面呈波浪状。上皮外的基膜周围有少许环行平滑肌和结缔组织。

二维码 16.4
猪附睾高倍镜

附睾管切面很多，管径大而规整，腔内见有许多精子。管壁为假复层柱状上皮细胞和椭圆形的基细胞。柱状上皮细胞的核长椭圆形，具有一个或数个核仁。游离面有微绒毛，为不动纤毛。附睾管基膜外包有平滑肌细胞和结缔组织，其中主要含网状纤维。

二维码 16.5
猪输精管低倍镜

3. 兔睾丸（rabbit testis）

兔睾丸与其他哺乳动物类似，不同的是，有粗大的结缔组织支架，加上其曲细精管的体积比较大，又含有较多的液态物质，睾丸比较柔软。睾丸间质也不发达，间质细胞呈多边形，细胞核圆形，细胞质嗜酸性，常含有脂滴。实质主要由长而弯曲、不规则的曲精小管构成。性成熟前，曲精小管管径较小，上皮为单层上皮；性成熟后，由多层生殖上皮构成。

二维码 16.6
猪输精管高倍镜

4．牛的精液涂片（bovine sperm smear）（铁矾苏木精染色）

低倍镜观察：低倍镜下，可见大量染成蓝色蝌蚪状的精子，选择染色清楚密度合适处换高倍镜或油镜。

高倍镜观察：精子头部呈扁卵圆形，结构致密，细胞核所在的部位着色深，前端着色淡的是顶体，在头部与尾部的连接处为短的颈部，有中心粒，但不易看清。精子的尾部细长，呈鞭毛状，可按粗细区分出中段、主段和末段。

二维码 16.7
兔睾丸

（二）禽类动物雄性生殖器官组织学结构特点

家禽雄性生殖器官包括睾丸、附睾、输精管和交媾器等，缺附属腺、精索和阴囊。

鸡睾丸（chicken testis）

肉眼观察：标本呈紫红色，一侧深染的线状结构是白膜。

低倍镜观察：睾丸表面覆有浆膜和薄层白膜。白膜结缔组织伸入内部，分布于曲精小管之间，形成不发达的睾丸间质，内含血管、淋巴管、神经和睾丸间质细胞。睾丸无睾丸纵隔和睾丸小隔，故无睾丸小叶结构。

二维码 16.8
鸡睾丸

高倍镜观察：实质主要由盲端的曲精小管构成。曲精小管细长而弯曲，有分支，互相吻合成网。性成熟前管径较小，管壁较薄，由单层上皮构成；性成熟后，管径增粗，管壁增厚，由复层上皮构成。其细胞成分与家畜相同，即由各级生精细胞和支持细胞组成。在切面上，生精细胞排列成狭柱状。曲精小管末端延续为直精小管，其管壁为单层柱状上皮。直精小管与结缔组织中的睾丸网相连通，其管壁的细胞为单层立方上皮或单层扁平上皮。

（三）鱼类动物雄性生殖器官组织学结构特点

鱼类睾丸一般称为精巢。鲤鱼左右精巢在尾端合并成"Y"字形，后合并为一条短的输精管汇入泄殖窦，通过泄殖孔与外界相通。

1．鲤鱼的精巢（cyprinoid spermary）

肉眼观察：鲤鱼的精巢体积较小，呈乳白色。从精巢膜上伸出隔膜，将整个精巢分割成圆形或长圆形的壶腹，称壶腹型精巢。幼龄时一般表面光滑，老龄时呈现不规则的盘曲状，在表面也出现很多皱褶。精巢在尾端汇合为"Y"字形，并合并为一条短的输精管汇入泄殖窦，通过排泄孔与外界相通。

低倍镜观察：精巢壁由 2 层被膜构成，外层为腹膜，内层为白膜。腹膜上有一层间皮。白膜由具有弹性的疏松结缔组织构成。白膜伸入实质形成许多隔膜,将精巢分成许多小叶,称为精小叶。精小叶之间的结缔组织称为间介组织。

精小叶的形状和大小不同。有些直径小,呈圆形,称为精细管;有的直径较大,不规则,称壶腹。每个小叶的边缘内侧分布有由生精细胞聚集而成的精小囊,又称孢囊。不同精小囊的生殖细胞发育先后是不一致的,但同一精小囊的生殖细胞分裂是同步的。精小叶的中央为空腔,精小囊中的精子发育形成后,精小囊破裂,精子释放进入腔中。

高倍镜观察:重点观察各级生精细胞的结构。生精细胞分为精原细胞、初级精母细胞、次级精母细胞、精子细胞和精子。精原细胞体积较大,圆形。根据其形态特点,又分为初级精原细胞和次级精原细胞,后者体积小,核染色较深。初级精母细胞体积比精原细胞小。细胞圆形或椭圆形,核着色较深。次级精母细胞比初级精母细胞还小,发生中存在时间短。精子细胞无明显的细胞质,只含强嗜碱性的细胞核。精子是最小的细胞,由精子细胞变态而来,分为头、颈、尾三部分。

注:辐射型精巢(又称鲈型精巢)为鲈形目鱼类所特有。由精巢膜伸入精巢而形成辐射排列的叶片状。

2. **鲤鱼的输精管**(cyprinoid ductus deferens)

鱼类一般没有附睾,产生的精子由输出管运送。在精巢的边缘的内侧有许多分支的输出管,成熟的精小叶与输出管相通。输出管的细胞具有分泌特性。在繁殖季节,这些细胞变大,核移向基部,胞质的游离端有分泌颗粒出现。在排过精的精巢中,这些分泌细胞变小,而后变为扁平状。

三、示范切片

1. **猪的输精管**(porcine ductus deferens)

猪的输精管和附睾之间没有明显的界线。输精管具有厚的管壁和典型的分层结构,由内往外依次是黏膜层、肌层和外膜。由于肌层特别发达,因而切片上管壁的黏膜形成许多纵行皱襞。黏膜上皮为单层柱状上皮,部分具有纤毛。基细胞较小。由于没有黏膜肌层,固有层和黏膜下层合为固有黏膜下层,这一层为疏松结缔组织,含有成纤维细胞、弹性纤维和丰富的脉管神经。输精管的终末膨大并不明显,但仍含有少量的分支单管状腺。肌层基本为内环、中斜和外纵,但环形和斜行相互交叉排列。

2. 猪的阴茎（porcine penis）

阴茎主要由两个阴茎海绵体（porcine corpus cavernosum penis）和一个尿道海绵体（porcine corpus cavernosum urethrae）构成，外表被覆活动性较大的皮肤。尿道行于尿道海绵体内。海绵体即勃起组织，外包致密结缔组织构成的坚韧白膜，内含大量血窦，血窦之间为富含平滑肌的结缔组织小梁。

3. 猪的前列腺（porcine prostate gland）

猪的前列腺为复管状腺或复管泡状腺，环绕尿道起始部。一般分为三部分，即位于尿道黏膜内的黏膜腺、位于黏膜下层的黏膜下腺和包在尿道壁外的主腺。主腺呈栗状，表面包有被膜，被膜结缔组织伸入内部将腺实质分为许多小叶。被膜和叶间结缔组织中富含弹性纤维和平滑肌。腺泡形态不规则，大小不一，有较多皱襞，同一腺泡内可出现单层立方上皮、单层柱状上皮或假复层柱状上皮数种上皮，腔内常见嗜酸性凝固体。导管上皮随管径增大而变厚，由单层柱状上皮过渡为复层柱状上皮，在尿生殖道开口处变为变移上皮。

四、电镜照片

1. 血-睾屏障（blood-testis barrier）

血-睾屏障主要由支持细胞之间的紧密连接及基膜组成。电镜下，相邻支持细胞之间有呈环形带状的紧密连接。在紧密连接与基膜之间有精原细胞分布，在紧密连接与管腔之间有初级精母细胞、次级精母细胞、精子细胞和精子嵌入。

2. 支持细胞（sertoli cell）

支持细胞胞质中有丰富的滑面内质网、高尔基体、线粒体等细胞器。溶酶体、类脂、糖原也较多。

3. 间质细胞（testicular interstitial cell）

睾丸间质细胞胞质中有丰富的滑面内质网、高尔基体及线粒体，还含有许多脂滴和脂褐素。

五、作业和思考题

（1）绘制低倍镜下睾丸的组织学结构图。

（2）绘制高倍镜下曲精小管的组织学结构图。

（3）家畜和家禽的雄性生殖器官在组织结构上有何特点及不同？

（4）鲤鱼的精巢结构有何特点？

华南农业大学　张　媛

第十七章　雌性生殖系统
(Female Reproductive System)

一、实验目的和要求

(1)掌握家畜卵巢(ovary)、输卵管(oviduct)和子宫(uterus)等器官的结构特点。

(2)在高倍镜下辨别出不同发育阶段的卵泡(ovarian follicle)。

(3)掌握家禽卵巢的结构特点。

(4)掌握鱼类卵巢的结构特点。(淡水养殖专业)

二、切片观察方法及要点

(一)家畜动物雌性生殖器官组织学结构特点

1. 成年猪卵巢(adult porcine ovary)

肉眼观察：标本切面呈椭圆形,紫红色。内有大小不等的空泡,即为不同发育时期卵泡。

低倍镜观察：(1)被膜(capsule)。卵巢表面覆盖有立方形或扁平形的生殖上皮(germinal epithelium),有的部位缺乏生殖上皮。生殖上皮下为白膜,由密集排列的胶原纤维和成纤维细胞构成。

(2)皮质(cortex)。位于卵巢的外周,白膜的深面,由较致密的结缔组织基质和不同发育阶段的卵泡构成。

(3)髓质(medulla)。在卵巢的中央,由疏松结缔组织构成,内含许多较大的血管。

高倍镜观察：重点观察各级卵泡的结构。

二维码 17.1
猪卵巢低倍镜

二维码 17.2
猪卵巢

皮质内的各级卵泡包括原始卵泡(primordial follicle)、生长卵泡(primary follicle)、成熟卵泡(mature follicle)和闭锁卵泡(atretic follicle)。此外,可见形态多样的成纤维细胞。有些核着色深,核质密集;有些着色淡,核质疏松,极似平滑肌,但不见肌原纤维。

二维码 17.3
猪卵巢高倍镜

(1)原始卵泡(primordial follicle)。位于卵巢皮质的浅层,体积小,数量多,成串排列。由中央的初级卵母细胞和周围一层扁平的卵泡细胞组成。每个卵泡具有 1～3 个初级卵母细胞不等。初级卵母细胞体积较大,呈圆形,胞质嗜酸性;胞核圆形,常偏位,染色浅,核仁大而明显。卵泡细胞的核长椭圆形,胞质不甚清楚。

(2)生长卵泡。包括初级卵泡(primary follicle)和次级卵泡(secondary follicle)。

初级卵泡(早期生长卵泡)位于原始卵泡的深面,体积比原始卵泡大。初级卵母细胞体积也增大,并在卵母细胞表面与卵泡细胞之间可见均质、着鲜红色的透明带(zona pellucida)。卵泡细胞呈立方形或柱状,多层,并在多层卵泡细胞间出现一些小腔隙,内有少量卵泡液。卵泡周围可见一层不甚明显的由结缔组织逐渐分化形成的卵泡膜(follicular theca)。

次级卵泡(晚期生长卵泡)比初级卵泡的体积更大,具有一个大的卵泡腔,腔内充满卵泡液。卵泡细胞分为两部分:围绕着卵泡腔的数层卵泡细胞密集排列成多层,构成颗粒层;而支持卵母细胞并呈丘状突向卵泡腔的卵泡细胞形成卵丘。若切面未经过卵母细胞,则卵泡内仅见一些卵泡细胞、颗粒层以及卵泡腔。卵泡膜分化为明显的内、外两层,内层含较多的血管和多边形的膜细胞,外层主要为结缔组织,纤维多,血管少,另有少量平滑肌。

(3)成熟卵泡(mature follicle)。结构与次级卵泡相似,但体积更大,并且接近卵巢表面。猪的成熟卵泡直径 5～6 mm。紧贴透明带的一层卵泡细胞,为柱状,呈放射状排列,在初级卵母细胞周围形成冠状结构,称为放射冠(corona radiata)。有时在切片上可观察到卵泡腔很大,而颗粒层和卵泡膜很薄,在放射冠与周围卵泡细胞出现裂隙,此时的卵泡处于排卵前期。

(4)闭锁卵泡(atretic follicle)。在卵巢中还可见大量的闭锁卵泡。其表现为卵母细胞核固缩,细胞形态不规则,甚至萎缩和消失。透明带皱缩并与周围的卵泡细胞分离,有的甚至逐渐消失。卵泡细胞离散,卵泡膜塌陷。颗粒层细胞松散、脱落或进入卵泡腔。

2. 猪的输卵管(porcine oviduct)

肉眼观察:猪的输卵管标本切面呈椭圆形,紫红色。

低倍镜观察：输卵管分为漏斗部、壶腹部、峡部和子宫部，管壁均由黏膜层、肌层和外膜构成。

（1）黏膜层。黏膜层可见许多高大的皱襞，壶腹部的皱襞最为发达，有数十个，峡部仅有几个。黏膜表面为单层柱状上皮或假复层柱状上皮，局部可见纤毛，在壶腹部最明显。由于雌性生殖管中没有黏膜肌层，因而黏膜固有层与其下面的黏膜下层共同组成固有黏膜下层，主要为疏松结缔组织，含有较多的浆细胞和肥大细胞。

（2）肌层。肌层由内环、外纵平滑肌组成。以环形肌最发达。纵行肌分为内、外两层：内层在环形肌内，不完整；外层在浆膜下，为完整的一层。

（3）外膜。为浆膜，由间皮及其深面的结缔组织构成。

3. 猪的子宫（porcine uterus）

子宫为中空的肌性器官，包括子宫角、子宫体和子宫颈。子宫壁很厚，从内向外分为内膜、肌层和外膜3层结构。

内膜由上皮和固有层组成。上皮为复层柱状上皮。固有层较厚，由纤维性的结缔组织构成，分为浅层和深层。浅层胞核多、深染，多为成纤维细胞；深层又名基底层，胞核少、淡染，核呈卵圆形。在结缔组织中可见大量子宫腺，在浅层开口，在深层则分支和弯曲，因此断面多。子宫腺为分支管状腺，末端可达肌层，其上皮主要由分泌细胞组成，纤毛细胞较少。

二维码 17.4
猪子宫低倍镜

肌层为很厚的平滑肌，由内环和外纵两层构成。内环肌比较发达，外纵肌较薄。两肌层之间有一层疏松结缔组织，内含很多较大的血管，称血管层，这是子宫壁的结构特点。血管层外常夹有一些斜行肌。

二维码 17.5
猪子宫高倍镜

外膜为浆膜，有时可见纵行的平滑肌细胞。

（二）禽类动物雌性生殖器官组织学结构特点

家禽的雌性生殖器官包括卵巢和输卵管，且只有左侧的发育正常，右侧于胚胎时期已退化。家禽没有单独的子宫，输卵管的子宫部和阴道部直接与泄殖腔相连。

1. 鸡卵巢（chicken ovary）

肉眼观察：标本呈紫红色，可见一些体积依次增大的大型卵泡和许多小卵泡。与哺乳动物比较，家禽的卵细胞含有大量的卵黄，大的生长卵泡和成熟卵泡不位于卵巢基质，而是突出于卵巢表面。

低倍镜观察：家禽卵巢的结构与哺乳动物相似。卵巢表面为单层生殖上皮,由扁平形到柱状。生殖上皮下方为致密结缔组织构成的白膜。白膜的结缔组织伸入实质内部形成基质。实质由皮质和髓质构成。皮质在外周,内含不同发育阶段的卵泡,但无黄体。髓质在中央,富含血管、神经和平滑肌纤维。

二维码 17.6
鸡卵巢低倍镜

高倍镜观察:(1)卵巢基质(ovarian stroma)。除一般的结缔组织成分外,还有卵泡外腺细胞和间质细胞等。卵泡外腺细胞胞体较大,呈多边形,胞核圆形,位于中央。胞质着色浅,内含许多小空泡。单个或成群存在于基质中。间质细胞胞体呈多边形,胞核圆形,胞质内充满嗜酸性颗粒。常单独或成团出现在皮质内,尤其在皮质浅层较多。空泡细胞呈空泡状,彼此界限不清,胞质内含大量的脂滴,胞核皱缩。仅存在于排卵后的卵巢皮质内,常聚集成团。

二维码 17.7
鸡卵巢高倍镜

(2)生长卵泡(growing follicle)。包括初级卵泡和次级卵泡。初级卵泡位于皮质浅层,体积较小,由中央的初级卵母细胞和周围的一层颗粒细胞构成。无卵泡膜结构。初级卵母细胞个体较大,胞核球形,着色浅,核仁明显。颗粒细胞一般为立方状的细胞。次级卵泡比初级卵泡个体大。颗粒层增殖为 2～3 层。出现卵泡膜。

(3)成熟卵泡(mature follicle)。成熟卵泡不位于卵巢基质内,而是完全突出于卵巢表面,仅借卵泡柄与之相连。成熟卵泡内没有卵泡腔,也无卵泡液,排卵后卵泡壁很快退化,不形成黄体。

成熟卵泡体积很大,由中央的初级卵母细胞和周围的卵泡壁构成。卵母细胞呈圆形,胞核圆形、着色浅,核仁明显,胞质内含大量卵黄物质。卵泡壁自内向外分为七层,包括卵黄膜及放射冠、卵黄膜周围层、颗粒层、卵泡膜内层、卵泡膜外层、结缔组织层和生殖上皮层。

卵黄膜即卵母细胞的细胞膜。放射冠是由卵母细胞边缘的部分胞质连同卵黄膜一起形成的许多微细突起所构成,它是卵母细胞的一部分,与家畜的不同。卵黄膜周围层是由颗粒细胞的分泌物形成的一层均质性结构,相当于家畜的透明带。卵泡膜外层富含毛细血管。其他各层与家畜相似。

(4)萎缩卵泡(atretic follicle)。卵泡在发育的任何时期都会发生萎缩。

未成熟的卵泡萎缩:即卵母细胞的解体,卵黄被就地吸收,卵泡细胞萎缩,由结缔组织取代,不留痕迹。

成熟卵泡的萎缩:由于卵母细胞质中有大量卵黄,萎缩的卵黄膜、颗粒层、卵泡膜内层、卵泡膜外层都发生皱裂,卵黄外溢于卵巢基质中,进而被吞噬、清除。可见大量的清亮细胞。

2. 鸡的输卵管（chicken oviduct）

肉眼观察：鸡的输卵管横切面是椭圆性的结构，中间有些空隙。

低倍镜观察：输卵管长而弯曲，从前向后分为漏斗部、膨大部、峡部、子宫部和阴道部。各部均由黏膜层、肌层和外膜构成。黏膜表面有皱襞，上皮为纤毛上皮，大部分固有层有腺体和淋巴组织，缺黏膜肌层。肌层一般由内环、外纵两层平滑肌构成。外膜均为浆膜。

二维码 17.8
鸡输卵管高倍镜

（1）漏斗部（infundibulum）。漏斗部的黏膜上皮为单层柱状纤毛上皮，由纤毛细胞和分泌细胞组成。漏斗部的固有层内有管状腺。

（2）膨大部（magnum）。是输卵管最长最弯曲的一段。其特点是管径大，管壁厚，黏膜皱襞高大宽厚。黏膜上皮为单层柱状纤毛上皮或假复层柱状纤毛上皮，亦由纤毛细胞和分泌细胞构成。固有层内有大量管状腺。

二维码 17.9
鸡输卵管高倍镜

（3）峡部（isthmus）。短而细，管壁较薄。固有层内腺体较少。

（4）子宫部（uterus）。黏膜皱襞纵行，长而弯曲。黏膜上皮也由纤毛细胞和分泌细胞组成。固有层内有短而细的分支管状腺，直接开口于管腔。肌层发达，故壁厚。

（5）阴道部（vagina）。黏膜形成许多高而薄的纵行皱襞。在靠近子宫部的固有层内有单管状腺，称阴道腺，腺腔较大。

（三）鱼类动物雌性生殖器官组织学结构特点

鱼类的卵巢位于体腔的腹中线两侧，在后端，形成一短的输卵管，进入泄殖窦，由泄殖孔开口于体外。未成熟的卵巢呈条状，成熟的卵巢体积增大内充满卵粒。

鲤鱼卵巢（cyprinoid ovary）

肉眼或低倍镜观察：卵巢的表面为被膜，被膜分为两层，外层实际上是腹膜，内层是白膜。白膜伸入实质，形成许多结缔组织纤维，这些纤维与毛细血管及生殖上皮一起构成板层结构，称为产卵板，后者构成了卵巢腔的不规则壁。皮质由较为致密的结缔组织和不同发育时期的卵泡组成。髓质为致密结缔组织，富含血管和神经。

高倍镜观察：卵子发生要经过增殖、生长和成熟等几个不同的时期，在不同的时期中，生殖细胞形态结构不同。

（1）第 1 时相。主要见于未成熟的卵巢。生殖细胞主要为卵原细胞及卵原细胞向初级卵母细胞过渡时期的细胞。卵原细胞胞质很少,是各时期体积最小的。核明显,核仁较大。在卵原细胞外有一层不规则的滤泡细胞。

(2)第2时相。初级卵母细胞进入小生长期。大部分卵母细胞外有一层卵泡细胞,卵细胞核增大,核仁数增加,位于核膜边缘。

(3)第3时相。初级卵母细胞进入大生长期。在卵细胞外有一层滤泡膜包绕,组成滤泡膜的滤泡细胞呈梭形,核大,细胞间的界限不清楚。在卵母细胞的质膜外开始出现辐射带,称为卵黄膜或初级卵膜。此时,初级卵母细胞边缘区胞质中出现一些小的液泡,其数目随卵母细胞的增大而变多。核膜凹凸不平,核仁分布于核膜内侧的边缘。

(4)第4时相。处于发育晚期的初级卵母细胞,体积更大。辐射带增厚,卵黄颗粒几乎充满了整个胞质。核周围及卵质膜内侧的边缘有较多的细胞质。核仁向核中央移动并开始消失。根据卵母细胞的大小及核的偏移情况,此期卵母细胞可分为早、中、晚三个发育阶段。

(5)第5时相。它是初级卵母细胞经过第二次成熟分裂向次级卵母细胞过渡阶段。卵细胞质出现极化现象,核膜破裂,进入第二次成熟分裂,排出第二极体。

三、示范切片

1. 猪的黄体(porcine corpus luteum)

卵巢的黄体,为圆形的细胞团,外包致密结缔组织膜(原卵泡膜的外层),内部由粒性黄体细胞和膜性黄体细胞及丰富的血管构成。粒性黄体细胞由颗粒层细胞分化而来,细胞较大,呈多角形,着色较浅,胞核圆形,染色较深,细胞界限清楚。膜性黄体细胞由卵泡膜的内层细胞分化而来,细胞体积较小,着色较深。两种黄体细胞的胞质内都含有黄色类脂颗粒,因制片时类脂颗粒被溶解而呈空泡状。

2. 猪的阴道(porcine vagina)

阴道壁由黏膜层、肌层和外膜构成。黏膜层由未角化的复层扁平上皮和固有层结缔组织组成。肌层为平滑肌,肌束呈螺旋状,交错排列,其间为富含弹性纤维的结缔组织。阴道外口有骨骼肌构成的环行括约肌。外膜为富含弹性纤维的致密结缔组织。

四、电镜照片

1. 初级卵母细胞（primary oocyte）

在原始卵泡中，胞质中有大而圆的线粒体，发达的环层板和大量的空泡、脂滴等。细胞核圆形，偏于一侧，异染色质少，细小分散，核仁大而明显。在初级卵泡中，细胞核大而明显，呈空泡状，染色质细小分散，核仁大而明显。细胞质中可见较大的卵黄颗粒，高尔基复合体增多，并从核周围逐渐向外迁移，此外，胞质中粗面内质网和核糖体也较多。

2. 粒性黄体细胞（granulosa lutein cell）

细胞体积大，细胞器丰富，可见有大量呈管状嵴的线粒体，大量的滑面内质网和脂滴。细胞核大，呈椭圆形，常染色质丰富，异染色质聚集在核膜内侧。

3. 闭锁卵泡（atretic follicle）

核膜多处内陷，核质出现溶解区。胞质内细胞器减少，线粒体呈空泡状。卵泡细胞内出现较大水解变性的脂滴。

五、作业和思考题

（1）绘制低倍镜下卵巢的组织学结构图。
（2）绘制高倍镜下成熟卵泡的组织学结构图。
（3）家畜和家禽的雄性生殖器官在组织结构上有何特点及不同？
（4）鲤鱼的卵巢结构有何特点？

华南农业大学　张　媛

第十八章 动物早期胚胎发育
(The Early Embryonic Development of Animals)

一、实验目的和要求

（1）了解家畜和家禽精子（sperm）、卵子（ovum）的结构。

（2）了解鸡胚原条期（16 h）、头突期（19～20 h）、24 h、33 h、48 h 的结构特征。

（3）了解猪胚发生过程，了解 10 mm 猪胚的结构。

（4）了解鸡胚胎膜（fetal membrane）的发生与结构，了解不同哺乳类的胎盘（placenta）结构。

（5）掌握鱼类胚胎发育的主要过程。（淡水养殖专业）

二、观察方法及要点

（一）家畜动物早期胚胎发育

1. 猪胚（porcine embryo）

低倍镜观察：取 10 mm 猪胚纵切片在低倍镜下观察，首先区分胚胎（embryo）的头部和尾部，背面和腹面，然后按照下列描述参考图 18-1 逐项进行观察。

（1）神经管（neural tube）。前端、后端均向腹面弯曲成"C"字形，而且前端分化成为端脑、间脑、中脑、后脑和末脑，在间脑的底壁有脑漏斗，但不一定正好切到。同样地，整条神经管在切片上也不一定都切到正中央的神经管腔。

（2）脊索（notochord）。往往只能看到一些断续的纵切面，它们的外面则有比较粗大的脊椎原基。

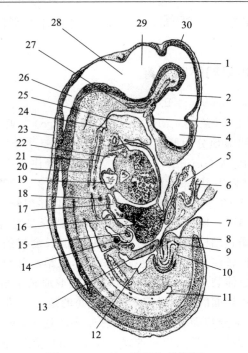

图 18-1　10 mm 猪胚矢状切面

1. 中脑　2. 间脑　3. 视交叉　4. 端脑　5. 卵黄囊　6. 胚外体腔　7. 尾　8. 生殖隆凸　9. 泄殖腔
10. 直肠　11. 主动脉　12. 体腔　13. 肠袢　14. 背胰　15. 胃　16. 肝　17. 后腔静脉　18. 肺芽
19. 右心房　20. 食管　21. 气管　22. 心包腔　23. 背　24. 喉　25. 舌　26. 脊髓　27. 脊索
28. 末脑　29. 后脑　30. 头

　　(3)消化器官(alimentary organ)。最明显的是舌,它位于头的下方,舌的后上方为咽,咽下为细长的食管,食管后的肠胃部结构在切片上很难看到完整地连续在一起,仅仅可以看到一些片段而已。从咽的基部往往又分出喉头和一条细长的气管,气管与食管平行地分布着,它的顶端则为较庞大的肺芽,但肺芽的断面不一定与气管相连续。消化腺中肝脏最发达,胰在胃的附近,体积不大。

　　(4)循环器官(circulatory organ)。心脏非常发达,位于舌的下方,围心腔一般清晰可见,血管当中以背大动脉最为显著,它紧靠脊索(notochord)和脊椎原基,但在切片上通常不是完完整整的一条。

　　(5)泌尿生殖器官(genitourinary organ)。不是所有纵切片都能看到,因为它们分布在胚胎身体的两侧部分,所以只有在通过两侧的纵切片上才能找到泌尿生殖器官。这时的泌尿器官主要是中肾,体积相当大,因此看来非常清楚,生殖嵴位于中肾的内侧。卵黄囊(yolk sac)和尿囊柄(allantoic stalk)位于胚胎的腹面,介于头部与尾部之间。卵黄囊已经萎缩,体积非常小,尿囊柄则往往只能看到片段断面。

(二)禽类动物早期胚胎发育

鸡胚(chicken embryo)(洋红染色、整体染色)

低倍镜观察:(1)原条期(primitive streak stage)。鸡胚孵化 16 h,原条(primitive streak)明显地分为原沟(primitive groove)、原褶(primitive fold)、原窝(primitive pit)和原结(primitive node)。原条可以作为胚胎前后轴的一个标记,在以后的发育过程中,原条逐渐缩短,直到最后消失。

取孵化 16～18 h 的鸡胚整体装片标本(图 18-2),并用低倍镜进行观察。首先区分胚盘的明区和暗区。明区在胚盘的中央,略呈梨形;暗区在明区外围,颜色暗淡。原条为暗色的条状结构,位于明区的正中线,但长度仅约占明区后端的 2/3。原沟在标本上颜色比较浅,原褶的颜色却比较深,原结和原窝一般也可以清楚地辨认出来。原条的整体装片标本观察完毕后,还应取原条中段的横切片(图 18-3)作对照观察。在标本切面的两侧缘有卵黄球分布的地方是暗区,暗区以内的区域是明区,明区的中央部分切面较厚,亦即细胞较多的地方,就是原条所在地,中间稍微凹陷处是原沟,两侧略微拱出是原褶。除此之外,在原条期的切片上还可以清楚地辨别出外胚层和内胚层,在原条附近的内、外胚层之间还有细胞排列比较疏松的中胚层,至于原结和原窝等在原条的纵切片上才可以看到,可参考示范。

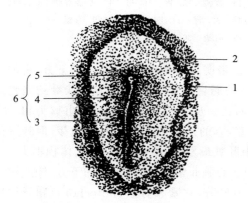

图 18-2　原条期鸡胚整体装片

1. 暗区　2. 明区　3. 原沟
4. 原褶　5. 原结　6. 原条

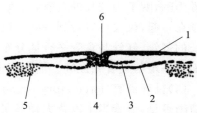

图 18-3　鸡胚过原条横切片

1. 外胚层　2. 内胚层　3. 中胚层
4. 原条　5. 卵黄颗粒　6. 原沟

(2)头突期(head process stage)。取孵化 19～20 h 鸡胚整体装片标本,并用低倍镜进行观察,观察项目大致同前,但在原条的前方还可以看到一条暗色的杆状结构,这就是头突(head process)。整体装片观察完毕后,必须取鸡胚头突期的横切片作对照观察,它与原条期横切片主要的不同就在于头结前方的内外胚层之间有一细胞带(头突)。

(3)孵化 24 h 鸡胚(24-hour-old chicken embryo)。先在低倍显微镜下观察整体装片标本(图 18-4),这时明区已分化出胚区(germinal area)和胚外区(extraembryonic area),暗区也已分成血管区(area vasculosa)和卵黄区(area vitellina),原条不断地在缩短,原条前方则出现了一系列的结构,可按下列说明逐项地进行观察。

原羊膜位于胚胎的最前方,呈半月形,看来较周围部分都透明一些。头褶(head fold)位于原羊膜的紧后方,它的下面就是头下囊,只是在整体装片上无法看出它的立体状态来。前肠门离头褶不远,也是呈半月

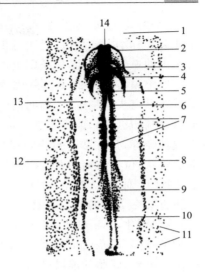

图 18-4　6 体节期鸡胚整体装片(24 h)
1. 原羊膜　2. 头褶　3. 前肠　4. 前肠门
5. 神经管　6. 神经褶　7. 体节　8. 中胚层
9. 原结　10. 原条　11. 血岛　12. 暗区
13. 明区　14. 前神经孔

形,实际上它只是前肠的后缘,从胚胎的前部观察时无法断定它在胚胎内部的深度。在胚胎的前端神经褶(neural fold)比较清楚,左、右神经褶的距离也远一些,当中的沟就是神经沟,不过在胚胎的后端神经褶就逐渐变得不显著了。脊索从胚胎的前端一直延伸到原条部分,表面上看来它好像恰好嵌在神经沟里一样,可是实际上它是位于神经沟底部正下方的。体节(somite)成对地排列在胚胎中部脊索两侧,孵化 24 h 的鸡胚中一般已分化出体节 4～6 对。可参考图 18-5 继续观察通过 24 h 鸡胚的原条、神经板、体节、前肠和头褶的各横切片。

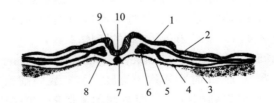

图 18-5　鸡胚过体节横切片(孵化 24 h)
1. 外胚层　2. 体壁中胚层　3. 脏壁中胚层　4. 体腔　5. 生肾节
6. 体节　7. 脊索　8. 内胚层　9. 神经褶　10. 神经沟

（4）孵化 33 h 鸡胚（33-hour-old chicken embryo）。仍然先在低倍镜下观察整体装片标本，这时胚区已稍见扩大，但胚外区由于血管的侵入已略见缩小，血管区内的血管更发达，原条则更加缩短，其余结构分述如下，可逐项仔细观察。

原羊膜与孵化 24 h 鸡胚比较，没有显著的变化。前肠门形状仍呈半月形，但位置已离头褶稍远，即前肠门的位置已渐向后移。神经管前部已明显地分为前脑、中脑及后脑，前脑更进一步分化出左右视泡，脑以后的神经褶大都已愈合形成神经管，只有靠近胚胎后端的部分仍然敞开，称为菱形窦。心脏呈略微弯曲的管状，位于头褶与前肠门之间。卵黄静脉左右成对，位于心脏的后方，约略靠近前肠门。体节 12 对左右，分布在脊索的两侧。整体装片观察完毕后，可观察 33 h 鸡胚的原条、开放的神经管、体节、前肠门、心原基、前肠和头褶的各横切片。

（5）孵化 48 h 鸡胚（48-hour-old chicken embryo）。在低倍镜下观察整体装片标本，这时原条已全部消失，羊膜尾褶（tail fold）也已发生并向胚胎躯干部分推进。另外，胚胎的前段已向右边扭转，头部也已向腹面弯曲，以致前脑成垂直状态，其余结构简述如下，可逐项进行观察。

脑已分化成为端脑、间脑、中脑、后脑及末脑，并在中脑处发生弯曲成为头曲，使整个头部也略向后曲。间脑部分的视泡进一步分化成为视杯，视杯对面的外表皮也开始分化出晶状体。除此之外，后脑的两旁也出现了听泡。管状的心脏更加弯曲，已约略可以分辨出心房和心室，心房位于稍前方，心室位于稍后方，心房以前则为动脉球。此外，还可见 3 对动脉弓和卵黄动脉及卵黄静脉。鳃裂位于 3 对动脉弓之间。体节 27 对左右。神经管仅仅在胚胎的后部才比较清楚。

（三）鱼类动物早期胚胎发育

鲢鱼胚胎（chub embryo）

肉眼或低倍镜观察：（1）受精卵至 64 细胞期（zygote to 64 cell stage）。刚受精时，卵膜举起，卵细胞膜和卵膜间出现卵周隙。胞质逐渐集中于动物极，隆起形成胚盘。约 1 h 后，第一次卵裂（经裂），而后为连续的经裂，且方向与前一次卵裂垂直，形成 2、4、8、16、32 和 64 细胞的胚体。

（2）囊胚、原肠胚和神经胚期（blastocyst，gastrulae and neurula）。约 2.5 h 后，分裂球高举在卵黄上，此时胚体称为囊胚。初期囊胚细胞层较高，后降低，从囊胚的纵切片上可以看到细胞层与卵黄间的囊胚腔。晚期囊胚细胞逐渐下包，至 1/3 胚体，囊胚层变扁。继续下包至 1/2，下包处细胞较厚，出现胚环，胚体的背部出现新月状背唇。背唇处细胞集中，形成胚盾。约 10 h 后胚盘下包 4/5，胚体背部中轴神经板形成，胚体翻转成侧卧。

(3)胚孔封闭至尾芽期(closure of blastopore to tail bud stage)。11.5 h 后,胚孔关闭,神经板下凹。约 12.5 h 后,体节首先在胚体中部出现,神经板头端隆起,在此基础上形成前脑,前脑两侧出现眼的原基,此时体节 4～5 对。约 15 h 后,眼基发育成长椭圆形眼囊,脑分出前、中、后三部分,体节增至 7～8 对。16 h 后,尾芽出现于胚体后端腹面,体节有 10 对。

(4)晶体出现至出膜期(crystal stage to hatching stage)。19 h 后,眼杯处出现圆形晶体,耳囊下出现鳃板,体节增至 24～25 对,尾部和身体长轴成锐角,活体标本可见胚体肌肉微弱收缩。20.5 h 后,在脊索前,卵黄囊前上方,细胞形成心脏原基,排列成串状。背鳍出现,体节 28～29 对。尾部与身体长轴成钝角。25 h 后,心脏呈管状,活体标本可见其微弱搏动。28 h 后泄殖腔出现,体节 38～39 对。31.5 h 后,胚体破膜而出,此时体节为 40～42 对。

(四)胎膜与胎盘

1. 鸡胚

肉眼观察:(1)6 日龄鸡胚胎膜(6-day-old embryonic membrane)。取已孵化 6 昼夜的受精卵,并在靠近钝端处将卵壳轻轻敲破,用镊子小心地除去碎片和该处壳膜,使破孔直径达 2 cm 左右时,再轻轻倒入盛有温热盐水的大碗中,进行观察。这时羊膜(amnion)已经完整地把胚胎包住,看来好像是个长圆形的透明囊。胚胎即以其左侧侧卧于其中。在胚胎腹面靠近后端的地方还有一个比较小的梨形囊状结构,上面分布有发达的血管,这就是尿囊(allantois)。在尿囊、胚胎及羊膜的下面可看到庞大的卵黄囊(yolk sac)。但这时卵黄还没有被完整地包裹起来,血管也仅仅分布在卵黄的四周。另外,应当注意的是在所有上述结构的表面应当还有一层透明的浆膜覆盖着,在观察完毕时可以用解剖针尝试将浆膜挑起,使其与羊膜、尿囊及卵黄囊分离开来。

(2)13 日龄鸡胚胎膜(13-day-old embryonic membrane)。取已经煮熟或已经固定过的孵化 13 昼夜的受精卵,将蛋壳轻轻敲破、剥除壳膜后进行观察。这时胎儿虽已发展得相当完整,但由于羊膜腔内已充满大量蛋白,胚胎往往被凝固了的蛋白遮住,胚胎和羊膜的下面是卵黄囊,卵黄囊的下面为蛋白囊,蛋白囊和羊膜腔之间有浆羊膜道相通。应当注意,在这种标本里浆膜和尿囊等往往难以观察。另外,为了进一步了解蛋白的消耗情况,可以同样方法对照观察孵化 19 昼夜的鸡胚胎膜。

2. 猪胎盘切片(示分散型胎盘)

低倍镜观察:取猪胎盘切片在低倍镜下进行观察。先把绒毛膜的绒毛与子宫内膜上皮所形成的凹陷相嵌合的部分找出，然后确定胎儿胎盘和母体胎盘，再细看其结构。

高倍镜观察：胎儿胎盘部分较薄，组织较疏松，着色较淡，其绒毛表面上皮为单柱状，其内方则是由绒毛膜的体壁中胚层和尿囊的脏壁中胚层分化出来的结缔组织，其中分布发达的毛细血管网，紧贴于结缔组织外面的是尿囊的内胚层。母体胎盘较厚，组织较致密，着色较深，子宫内膜上皮为单层扁平上皮，其下为子宫内膜的结缔组织，其中分布着发达的毛细血管网和子宫腺，外面则是子宫的肌膜和外膜。子宫内膜往往形成皱襞。

3. 山羊胎盘切片（示绒毛叶胎盘）

绒毛膜形成的绒毛集合成绒毛叶，绒毛叶与绒毛叶之间有较大面积的平滑的绒毛膜。绒毛叶与子宫形成的子宫阜相嵌合。在该处子宫的上皮局部被破坏，绒毛直接与子宫内膜结缔组织相接触。取山羊胎盘的切片在显微镜下观察，区分出胎儿胎盘及母体胎盘的各种结构。注意：山羊胎盘与牛的不同，它的绒毛叶被子宫阜所包围。

4. 犬胎盘切片（示环状胎盘）

绒毛膜形成的绒毛集中在环状区域内，在该处绒毛侵入子宫黏膜；子宫上皮全部被破坏和吸收，绒毛直接与子宫结缔组织中的血管内皮相接触。这种胎盘见于肉食类动物、犬、猫等。

5. 兔胎盘切片（示盘状胎盘）

此种胎盘在早期绒毛均匀分布于全绒毛膜的表面，后来逐渐局限于盘状区域。在绒毛侵入子宫时，子宫黏膜的上皮、结缔组织及血管壁均被腐蚀，绒毛直接浴于由母体血管形成的血窦中吸收营养。取兔的胎盘切片，观察胎儿胎盘与母体胎盘的结构及两者的关系。但兔的胎盘又与一般的盘状胎盘不同，即胎儿胎盘的绒毛膜上皮也遭破坏而消失，胎儿的血管直接浸在母体胎盘的血窦中，故又称之为"血液内皮胎盘"，因此在切片上胎盘的胎儿部和母体部不易分开。

三、示范标本

1. 鸡胚新鲜标本。
2. 全套猪胚发育模型。
3. 分散型胎盘、绒毛叶胎盘和盘状胎盘的浸制标本及模型。

四、作业和思考题

(1)试述精子和卵子的形态特征及其与功能的关系。

(2)试述减数分裂的主要特征及其生物学意义。

(3)鸡胚不同发育阶段各出现了哪些特征性的形态结构?

(4)猪胚发育和鸡胚发育有何相似处和不同处?

(5)鱼类和禽类都是端黄卵,其胚胎发育有何不同?

(6)不同类型胎盘的主要区别在哪儿?

(7)试述卵黄囊、尿囊、羊膜、绒毛膜等的组成特点、相似处及不同处。

南京农业大学 黄国庆 庾庆华

参 考 文 献

1. 杨倩. 动物组织学与胚胎学. 北京:中国农业大学出版社,2008.
2. 成令忠,钟翠平,蔡文琴. 现代组织学. 上海:上海科学技术文献出版社,2003.
3. 王树迎,王政富. 动物组织胚胎学. 北京:中国农业科学技术出版社,2000.
4. 石玉秀,邓纯忠,孙桂媛,等. 组织学与胚胎学彩色图谱. 上海:上海科学技术出版社,2002.
5. 孙丽慧,廉洁. 组织学与胚胎学实验教程. 北京:人民军医出版社,2004.
6. 韩秋生,徐国成,邹卫东,等. 组织学与胚胎学彩色图谱. 沈阳:辽宁科学技术出版社,2003.
7. 白生宾,阿不都许库尔·阿不力米提. 组织学与胚胎学实验指导. 2 版. 北京:科学出版社, 2012.
8. 彭克美,王政富. 动物组织学与胚胎学实验. 北京:高等教育出版社,2016.
9. 刘霞. 组织胚胎学实验教程. 西安:第四军医大学出版社,2013.
10. 高登慧. 动物组织胚胎学实验指导. 贵阳:贵州大学出版社,2011.
11. 吴春云,Ling Eng Ang. Histology Practical Handbook. 北京:科学出版社,2014.
12. Francesco Cian,Kathleen Freeman. Veterinary Cytology:Dog,Cat,Horse and Cow:Self-Assessment Color Review,2nd ed. CRC Press,Taylor & Francis Group,2017.
13. Bacha Jr. W J,Bacha L M. Color Atlas of Veterinary Histology,3rd ed. Wiley-Blackwell, 2012.
14. Löw P,Molnár K,Kriska G. Atlas of Animal Anatomy and Histology,1st ed. Springer, 2016.